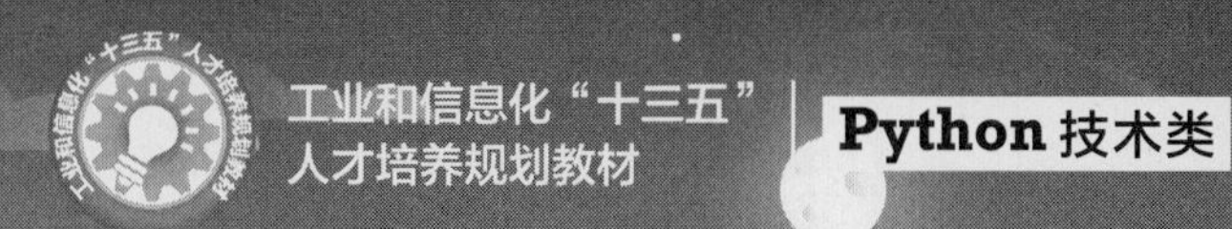

Python Programming Fundamentals

Python 程序设计基础 微课版

沈涵飞 ◎ 主编

刘正 董明华 王春华 叶刚 ◎ 副主编

人民邮电出版社

北京

图书在版编目（CIP）数据

Python程序设计基础 : 微课版 / 沈涵飞主编. --
北京 : 人民邮电出版社, 2021.4（2023.2重印）
工业和信息化“十三五”人才培养规划教材. Python
技术类
ISBN 978-7-115-55673-8

Ⅰ. ①P… Ⅱ. ①沈… Ⅲ. ①软件工具－程序设计－
高等学校－教材 Ⅳ. ①TP311.56

中国版本图书馆CIP数据核字(2020)第257819号

内 容 提 要

本书图文并茂、示例丰富，以“任务驱动”的方式在实际应用中讲解 Python 的要点，并全面地介绍了 Python 程序设计的核心技术。全书共 9 章，内容分别是：初识 Python、程序设计入门、流程控制、字符串、组合数据类型、函数、文件操作、正则表达式及网络爬虫入门。

本书既可以作为高职高专和应用型本科计算机、人工智能、大数据等相关专业的教材，也可以作为 Python 程序设计培训班教材，并适合广大程序设计爱好者自学使用。

◆ 主　　编　沈涵飞
副 主 编　刘　正　董明华　王春华　叶　刚
责任编辑　左仲海
责任印制　王　郁　彭志环
◆ 人民邮电出版社出版发行　　北京市丰台区成寿寺路 11 号
邮编　100164　　电子邮件　315@ptpress.com.cn
网址　https://www.ptpress.com.cn
北京市艺辉印刷有限公司印刷
◆ 开本：787×1092　1/16
印张：10.25　　　2021 年 4 月第 1 版
字数：253 千字　　　2023 年 2 月北京第 6 次印刷

定价：39.80 元

读者服务热线：(010)81055256　印装质量热线：(010)81055316
反盗版热线：(010)81055315
广告经营许可证：京东市监广登字 20170147 号

序 FOREWORD

Python 由吉多·范罗苏姆（Guido van Rossum）于 1989 年年底发明，目前已经渗透到很多领域，并被诸多高校选定为学生的程序设计入门语言。相较于 Java、PHP、C++这些语言，Python 更加简洁、易读、可扩展，这 3 个优势使其在开发者中大受欢迎并成为人工智能和大数据领域的首选编程语言。

目前，高校的 Python 教学起步不久，迫切需要一本符合学生认知特点、搭配丰富教学资源的 Python 程序设计教材。由沈涵飞主编的本书就是这样一本 Python 程序设计教材，其具有以下两个鲜明的特点。

（1）本书是一本推崇“在实践中学习”（Learning by Doing）的教材。没有实践的学习，犹如无源之水、无本之木，学生打下的基础往往不扎实。本书将基础学习和应用实践充分结合，而不是先学习再实践。这种方法对个人素质的要求更高，学习效果也更好。

（2）本书配有可自由练习的网站，该网站提供了约 100 道练习题。这些题目如果使用 Python 来完成，其代码平均长度在 3~5 行，很适合初学者学习和练习。

我很高兴看到本书的出版，也坚信本书能给更多的高校师生带来教学和学习上的便利，帮助读者掌握 Python 程序设计的核心技能，尽快成为人工智能和大数据时代的“弄潮儿”！

美国佐治亚州立大学计算机科学系校董教授、系主任

欧盟科学院院士

中南大学“长江学者”讲座教授

潘毅

2020 年 11 月

前言 PREFACE

随着人工智能时代的来临，Python 越来越受到程序开发人员的喜爱，因为其不仅简单易学，而且具有丰富的第三方库和相对完善的管理工具。作为一种通用语言，Python 可以用在几乎任何领域和场合，其在软件质量控制、开发效率、可移植性、组件集成、第三方库支持等方面均处于领先地位。

Python 是人工智能和大数据时代的核心编程语言，Python 程序设计课程已成为数据科学、数据分析、人工智能、机器学习等领域相关专业的必修课程。数据科学网站 KDnuggets 的一项研究显示，Python 已于 2017 年超越 R 语言，成为数据分析、数据科学和机器学习领域最受欢迎的语言。

本书全面地介绍了 Python 程序设计的核心技术。本书的特点如下。

（1）本书按照完成实际任务的工作流程，逐步展开，介绍相关的理论知识点，生成可行的解决方案，最后将任务落实在实现环节。全书大部分章节紧扣任务需求展开，不堆积知识点，着重于思路的启发与解决方案的实施。

（2）配套网站中的 C、C++、Java、Python 程序自动评测系统提供了大量适合初学者的编程练习。题目按照各个单元分类，约 100 题，称为“百题大战”。由于 Python 具备优雅的语法和强大的内置数据结构（列表和字典），因此绝大部分题目仅需要 3~5 行 Python 代码即可完成。

（3）利用互联网资源来优化学习体验，本书介绍了在云端米筐 Notebook 中运行 Python 程序的方法，大大方便了 Python 程序的开发。本书还介绍了正则表达式交互式学习网站，读者在网站中可以通过闯关练习来熟练掌握正则表达式。

Python 的核心内容包括代码缩进、导入库及其函数、序列的索引和切片、字符串的基本操作、列表生成式、lambda 函数，本书通过在目录中添加★来强调这些核心内容，选学内容则通过在目录中添加 * 来表示。

本书配有学习视频、PPT、电子教案、习题，以及习题答案和解析等，读者可以登录人民邮电出版社的人邮教育社区（www.ryjiaoyu.com）免费下载。

本书由苏州工业园区服务外包职业学院的沈涵飞主编，苏州工业园区服务外包职业学院的刘正、董明华、王春华和北京普开数据技术有限公司创始人兼 CEO 叶刚参与编写，并采用了深圳米筐科技有限公司的在线 Notebook 作为 Python 开发环境。

写一本书不容易，写一本好书更不容易。虽然编者把写一本好书作为目标，但书中难免有疏漏和不足之处，恳请读者批评、指正。编者的电子邮箱为 shenhf@siso.edu.cn。

编者

2020 年 11 月

目 录 CONTENTS

第1章

第2章

第3章

第4章

第5章

第6章

附录

第 1 章 初识 Python

- Python 在设计时受到哪两种语言的启发?
- 为何 Python 被称为“胶水语言”?
- 使用云端开发环境有什么优势?
- 什么是米筐 Notebook?
- Python 3 兼容 Python 2 吗?

Python 被广泛应用于科学计算、Web 开发、网络爬虫、数据挖掘、自然语言处理、机器学习和人工智能等领域。Python 的语法简洁易读，对编程初学者非常友好。

V1-1 学好 Python 的关键

1.1 学好 Python 的关键

程序设计类课程是高等学校计算机相关专业的核心课程。这类课程的实践性很强，实践操作在整个课程体系中占据了核心地位。而 Python 涉及的内容很多，应如何处理好技能掌握和知识学习的关系呢？很重要的一点是要处理好核心知识和扩展知识的关系。学好课程的关键是处理好从 0 到 1 和从 1 到 N 的关系，如图 1-1 所示。“1”指的是核心知识，“N”指的是扩展知识。前者内容少，需多练；后者内容多，使用方法单一，但在有示范代码的情况下能被快速掌握并应用。

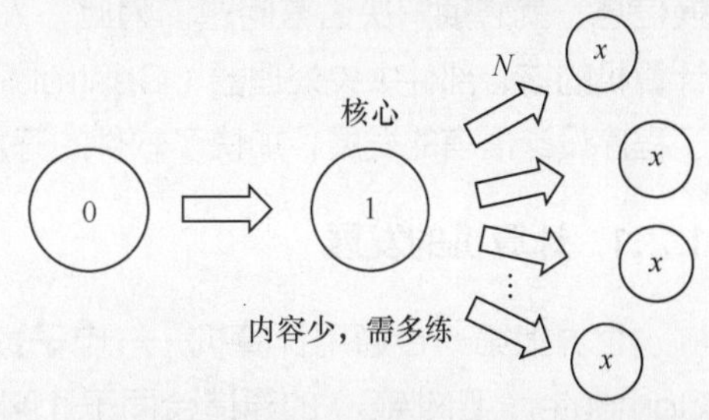

图 1-1 从 0 到 1，再从 1 到 N 的关系

下面通过一个任务来展示核心知识的灵活运用。

【任务】计算 2 的 100 次方的各位数字之和。例如，2 的 4 次方是 16，其各位数字之和是 7；2 的 8 次方是 256，其各位数字之和是 13。

【代码】

```
sum([int(ch) for ch in str(2**100)])
```

【说明】这里用到的知识点包括类型转换、列表生成式、内置函数等。每一个知识点都不难，但放在一起，就会对初学者造成困扰。不用担心，学完本书中带★的部分，就很容易理解这行代码了。

那么，如何又好又快地学会 Python 呢？可以用图 1-2 中的 6 个字来概括。

1. 刷代码

怎么做到刷代码呢？编者在长期的教学实践中发现，读者通过在线评测系统提交代码，由系统自动评测，及时给予学习者反馈，从而使读者发现问题，能够有效提高学习积极性与效率。与本书配套的 C、C++、Java、Python 程序自动评测系统提供了大量适合读者的练习题。练习题循序渐进，按照各个单元分类，共约 100 道题目，称为“百题大战”。这些题目放置在配套网站的“竞赛&作业”栏目下，编者每年还会调整题目以满足读者的实际需求。由于 Python 具备优雅的语法和强大的内置数据结构（列表和字典），因此绝大多数题目仅需 3～5 行 Python 代码即可实现。

图 1-2 学好 Python 的关键点

在阅读本书时，读者需把重点放在【任务】的解决上，而不是放在语法细节上。在学习第 8 章“正则表达式”时，编者推荐通过网站来学习，经多次练习后，读者在很短时间内就能熟练掌握正则表达式的要点。

2. 记笔记

在学习 Python 的过程中，读者也需要注意对扩展知识的积累。印象笔记、有道云笔记、语雀等都是很好的知识收集和笔记工具，并且都支持 Markdown 格式、图片的嵌入。读者平时在学习过程中要勤记笔记、及时归纳，在网上看到好的学习资源也要及时收藏整理。

【说明】无论是“刷代码”还是“记笔记”，都含有一个动词，这意味着读者需要多动手。

1.2 计算机的发展和程序设计语言

要使计算机按人的意图执行，就必须使计算机懂得人的意图，接收人的命令。人要与计算机交换信息，就必须解决语言问题。为此，人们给计算机设计了一种特殊语言，这就是程序设计语言。计算机的核心部件中央处理器（Central Processing Unit，CPU）性能持续数十年的快速提升推动了程序设计语言的发展，加快了软件的开发过程，软硬件的协同发展又促进了计算机的普及和应用。

1.2.1 计算机的发展

世界上第一台通用计算机——电子数字积分计算机（Electronic Numerical Integrator And Computer，ENIAC）的建造合同于 1943 年 6 月 5 日被签订，建造完成的计算机于 1946 年 2 月 14 日公布，并于次日在宾夕法尼亚大学正式投入使用。

ENIAC 是一个庞然大物，如图 1-3 所示，占地约 167m^2，重约 27t，功耗约 150kW。据传 ENIAC 每次一开机，整个费城西区的电灯都为之变暗。ENIAC 每秒可运算 5000 次加法，在当时的人们看来，它的计算速度已经非常快了。

ENIAC 是由宾夕法尼亚大学的约翰·莫齐利（John Mauchly）和约翰·皮思普·埃克特（J.Presper Eckert）构思并设计的。协助设计的还包括华人朱传榘，他负责设计除法器和平方/平方根器。

莫齐利和埃克特还设计了世界上第二台通用计算机——离散变量自动电子计算机（Electronic Discrete Variable Automatic Computer，EDVAC）。出生于匈牙利的美国籍犹太人数学家约翰·冯·诺依曼（John von Neumann）以技术顾问的身份加入了 EDVAC 的设计团队，如图 1-4 所示，总结并详细说明了 EDVAC 的逻辑设计，他提出的体系结构一直延续至今，即冯·诺依曼结构。按照冯·诺依曼的思想，一台自动计算机应该包括运算器、控制器、存储器和输入/输出设备，并是由程序控制的。

图 1-3 ENIAC

图 1-4 冯·诺依曼

EDVAC 与它的前任 ENIAC 还有一点不同，就是 EDVAC 采用了二进制。虽然如今计算机的计算速度已远超 EDVAC，但从系统结构上讲，如今的计算机和 EDVAC 没有本质区别。

从冯·诺依曼结构开始，计算机系统慢慢演变为硬件（计算机本身）和软件（控制计算机的程序）两部分。

1.2.2 机器语言、汇编语言和高级语言

机器语言是用二进制数表示的硬件唯一可直接执行的语言，它依赖于具体的 CPU 体系，因此可移植性差。不同 CPU 体系的机器语言是不相通的。机器语言代码的编写很烦琐，其程序完全由 0 与 1 的指令代码组成，可读性差且容易出错。除了计算机生产厂家的专业人员外，绝大多数程序员已经不再学习机器语言。

汇编语言是一种用于电子计算机、微处理器、微控制器或其他可编程器件的低级语言，亦被称为符号语言。汇编语言使用助记符（Mnemonic）来代替和表示特定低级机器语言的操作。例如，将执行加法运算的机器语言代码替换为 ADD（addition 的缩写）、将执行比较运算的机器语言代码替换为 CMP（compare 的缩写）。这样通过查看用汇编语言写的源代码，就可以了解程序的含义了。

计算机是无法识别除机器语言外的其他语言的，所以汇编语言想要在计算机上执行，必须被转换为机器语言，如图 1-5 所示。负责转换工作的程序称为汇编器（Assembler），这个过程被称为汇编。

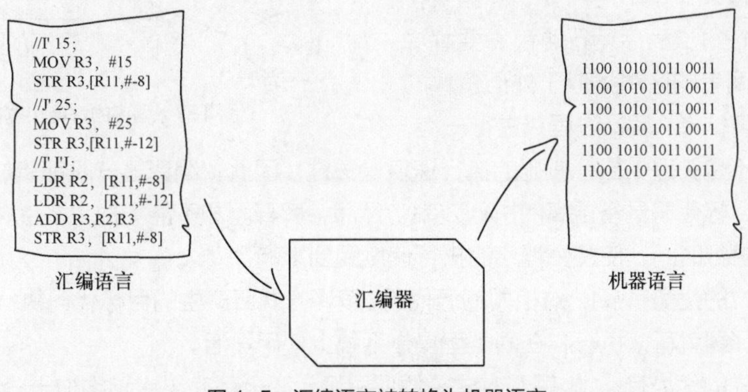

图 1-5 汇编语言被转换为机器语言

用汇编语言编写的源代码与机器语言代码是一一对应的。因此，机器语言代码也可以转换成可读性较好的汇编语言源代码。完成这一功能的程序被称为反汇编器。

计算机的核心是 CPU。汇编语言和机器语言都是针对某一特定 CPU 的，在 CPU 种类很少时，汇编语言能满足当时计算机执行的需要。但随着越来越多 CPU 的出现，汇编语言也显得力不从心，以 C 语言为代表的高级语言就应运而生。

高级语言（High-level Programming Language）是面向人的语言，而机器语言和汇编语言是面向计算机的语言。用高级语言写的程序不面向计算机，因而抽象级别高，可移植性好。用高级语言编写的源程序是无法被计算机直接执行的，必须翻译成机器语言才能执行。翻译的过程通常分为两种：编译和解释。

1.2.3 编译和解释

高级语言按照计算机执行方式的不同，可分成两类：静态语言和脚本语言。执行方式是指计算机执行一个程序的过程。静态语言通过编译执行，脚本语言通过解释执行。无论采用哪种执行方式，操作方法可以是一致的，如双击执行一个程序。

编译是指将源代码转换成目标代码的过程。源代码通常是高级语言代码，目标代码是机器语言代码，执行编译的计算机程序被称为编译器（Compiler）。图 1-6 展示了程序的编译和执行过程，其中虚线表示目标代码被计算机执行。编译器将源代码转换成目标代码之后，计算机才能执行代码。

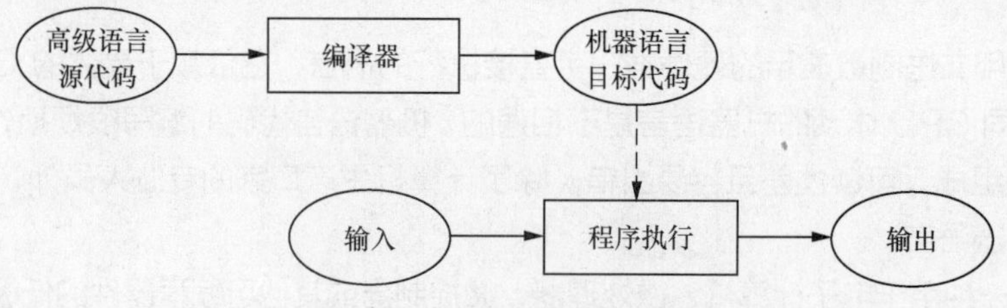

图 1-6 程序的编译和执行过程

解释是指将源代码逐条转换成目标代码，并逐条执行目标代码的过程。执行解释的计算机程序被称为解释器（Interpreter）。图 1-7 展示了程序的解释和执行过程，高级语言源代码和输入被同时输入解释器，解释器随后产生输出。

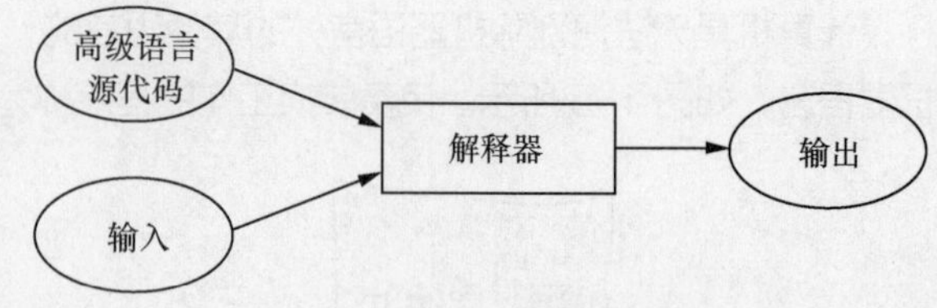

图 1-7 程序的解释和执行过程

解释和编译的区别在于，编译是一次性地翻译，一旦程序被编译，不再需要编译器或者源代码，而解释在每次程序运行时都需要解释器和源代码。这两者的区别类似于外语资料的翻译和实时的同声传译。编译过程只进行一次，所以编译速度并不是关键，目标代码的执行速度是关键。因此，编译器一般都集成尽可能多的优化技术，使生成的目标代码具备更高的执行效率。然而，解释器却不能集成太多优化技术，因为代码优化技术会消耗执行时间，使整个程序的执行速度受到影响。

采用编译方式的优势有：① 对相同的源代码，编译方式所产生的目标代码执行速度更快；② 目标代码不需要编译器就可以执行，在同类型操作系统上使用灵活。

采用解释方式的优势有：① 解释方式需要保留源代码，程序纠错和维护十分方便；② 只要存在解释器，源代码可以在任何操作系统上执行，可移植性好。

简单地说，解释方式逐条执行用户编写的代码，没有纵览全部代码的性能优化过程，因此执行性能略低，但其支持跨硬件或跨操作系统平台移植，保留源代码对程序升级、维护十分有利，适合非性能关键的程序执行场景。

采用编译方式的编程语言是静态语言，如 C/C++、Java 等；采用解释方式的编程语言是脚本语言，如 JavaScript、PHP 等。Python 是一种被广泛应用的高级通用脚本编程语言，虽采用解释方式，但它的解释器也保留了编译器的部分功能，随着程序执行，解释器也会生成一个完整的目标代码。这种将解释器和编译器结合的新解释器是现代脚本语言为了提升计算性能的一种有益演进。

1.2.4 程序设计的开发效率和执行效率

摩尔定律（Moore's Law）是由英特尔（Intel）公司的创始人之一戈登·摩尔（Gordon Moore）提出的，其内容为：集成电路上可容纳晶体管的数量约每隔 18~24 个月增加一倍，集成电路芯片的性能也将提升一倍。摩尔定律揭示了半导体技术进步的速度，如图 1-8 所示。

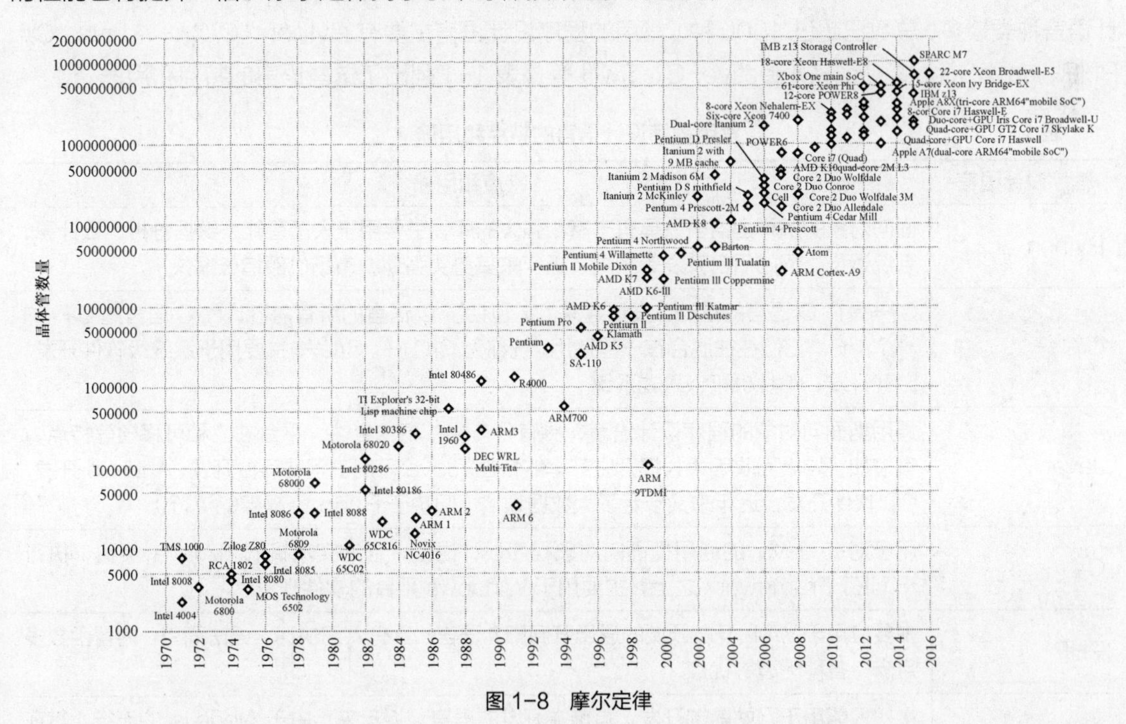

图 1-8 摩尔定律

经过几十年的发展，计算机核心部件 CPU 的性能有了质的飞跃，计算机硬件成本大幅降低，计算机的应用范围不断扩大，程序设计的效率关注点逐渐从早期的执行效率转向执行效率和开发效率并重。

在早期的软件开发中，计算机硬件成本高昂，程序开发人员首要考虑的是充分利用硬件资源，侧重于开发执行效率高的程序。20 世纪 70 年代，主流的编程语言是 C 语言。到了 20 世纪 80 年代，面向对象的特性被加入程序设计语言中，贝尔实验室的本贾尼·斯特劳斯特卢普（Bjarne Stroustrup）进一步扩充和完善了 C 语言，于 1983 年推出了 C++。C++是第一种被大规模使用的面向对象语言。

20 世纪 80 年代末至 20 世纪 90 年代中期，由于计算机硬件性能呈现指数级的提升，硬件资源在很多应用场合下已经不再是“瓶颈”，程序的开发效率受到了重视，解释型语言如 Perl、Python 和 PHP 就在这个阶段应运而生。解释型语言在执行速度上远远不如 C/C++，但开发效率却能成倍提高。

20 世纪 90 年代中后期，互联网带来的信息爆炸往往要求开发者以与互联网演变一样的速度开发系统，以更少的人力实现相同的开发任务。在此背景下，Perl、Python 和 PHP 等解释型语言获得了广泛的应用。

硬件性能提升并不意味着程序的执行效率无关紧要。即使在当今 CPU 处理速度很快的情况下，在一些应用领域，程序的执行速度仍然需要提高。例如，在数值计算和动画领域，常常要求其核心数值处理单元以 C 语言的速度（或更快）执行运算。如果在以上领域工作，分离一部分需要提高速度的应用程序，将其转换为编译好的扩展库，并在整个系统中使用 Python 将这部分应用程序连接起来，这样就实现了开发效率和执行效率的兼顾。Python 也因此被称为“胶水语言”（Glue Language）。

1.2.5 常见的程序设计语言及其用途

程序设计语言是人类与计算机通信的基本工具，影响人类与计算机通信的方式和质量。程序设计语言种类繁多，总数已超过 1000 种。常用的程序设计语言主要有 Python、C/C++、Java、C#、PHP、JavaScript、Go、Objective-C、Swift 等，表 1-1 列出了这些语言的特点和用途。

表 1-1　　常用程序设计语言的特点和用途

程序设计语言	特点和用途
Python	面向对象的解释型语言，具有丰富和强大的库，主要用于人工智能、数据分析、云计算、系统运维、网站后台开发等领域，近年来其势头强劲，市场份额增长很快
C/C++	C++是在 C 语言的基础上发展起来的，包括了 C 语言的所有内容，而 C 语言是 C++的一个部分，它们往往混合在一起使用，统称为 C/C++。C/C++主要用于系统级软件开发、游戏开发、单片机和嵌入式系统
Java	通用型面向对象的程序设计语言，具有分布式、高安全性、平台独立和可移植等特点，其增加了垃圾回收等大大提升生产率的特性。Java 可用于网站后台开发、Android 开发、PC 软件开发，近年来又涉足了大数据领域（归功于 Hadoop 框架的流行）
C#	用于对抗 Java 的通用型面向对象程序设计语言，它的实现机制和 Java 类似，执行于.NET Framework 之上，主要用于 Windows 平台的软件开发
PHP	主要应用于 Web 开发领域的通用开源脚本语言，具有入门快速、语法简单、内置函数多且支持各种环境等优点
JavaScript	最初只能用于网站前端开发，是前端开发的语言。近年来，由于 Node.js 的流行，其在网站后台开发中也占有一席之地
Go	其成长非常迅速，在国内外已经有大量应用，主要用于服务器的编程，对 C/C++、Java 都形成了不小的挑战
Objective-C、Swift	用于苹果产品的程序开发，包括 Mac、MacBook、iPhone、iPad、iWatch 等
汇编语言	用于微处理器、微控制器或其他可编程器件的低级语言，也称为符号语言。它的执行效率高，但是开发效率低，只有在对效率和实时性要求极高的关键模块编程时才会考虑汇编语言，如操作系统内核、驱动、仪器仪表、工业控制等

1.3 Python 概述

Python 是面向对象的解释型计算机程序设计语言，其具有丰富和强大的库，由于具备简单易学、免费开源、可移植性强、丰富的库等众多特性，因此其从众多的编程语言中脱颖而出。

1.3.1 Python 简史

Python 的发明者吉多·范罗苏姆（Guido van Rossum）是荷兰人，如图 1-9 所示。1982 年，吉多从阿姆斯特丹大学获得了数学和计算机科学硕士学位。1989 年，吉多开始编写 Python 的编译器。1991 年，第一个 Python 编译器诞生，它用 C 语言实现，并能够调用 C 语言的库文件。Python 的很多语法来自 C 语言，但又受到 ABC 语言的强烈影响。

图 1-9 Python 的发明者吉多·范罗苏姆

Python 诞生的时代恰逢计算机硬件性能急速提升之时。由于计算机性能的提升，软件的世界也开始随之改变，语言的易用性被提到一个新的高度。

另一个悄然发生的改变是互联网的兴起。互联网让信息交流成本大大下降，一种新的软件开发模式开始流行——开源。程序员利用业余时间进行软件开发，并开放源代码。1991 年，莱纳斯·贝内迪克特·托瓦尔兹（Linus Benedict Toralds）发布了 Linux 内核源代码，吸引了大批程序爱好者。Linux 和 GNU（一个类 UNIX 操作系统）相互合作，最终构成了一个充满活力的开源平台。

由于硬件性能不是瓶颈，Python 又易于使用，所以许多人开始转向使用 Python。Python 用户来自许多领域，有不同的背景，对 Python 也有不同的需求。Python 相当开放，当用户不满足于现有功能时，能够很容易地对 Python 进行拓展或改造。

Python 以对象为核心组织代码，支持多种编程范式，采用动态类型，自动进行内存回收。Python 支持解释执行，并能调用 C 语言库进行拓展。Python 有强大的标准库，由于标准库的体系已经稳定，因此 Python 的生态系统开始拓展到第三方库。这些库（如 Django、Flask、NumPy、pandas、Matplotlib、PIL 等）将 Python 升级成了物种丰富的“热带雨林”。

1.3.2 Python 的特点

Python 具有很多区别于其他语言的特点，下面仅列出部分重要特点。

（1）语法简洁：实现相同功能时，Python 的代码行数仅相当于其他语言的 1/10～1/5。

（2）类库丰富：Python 解释器提供了几百个内置类和库。由于 Python 倡导开源理念，世界各地的程序员通过开源社区贡献了十几万个第三方库，几乎覆盖了计算机技术的各个领域。编写 Python 程序可以大量利用已有的内置或第三方代码。Python 具备良好的编程生态。

（3）平台无关：作为脚本语言，Python 程序可以不经修改地实现跨平台执行。

（4）是胶水语言：Python 具有优异的扩展性，体现在它可以集成 C/C++、Java 等语言编写的代码，通过接口和库等方式将这些代码“粘起来”（整合在一起）。此外，Python 本身提供了良好的语法和执行扩展接口，能够整合各类程序代码。

（5）通用编程：Python 可用于编写各领域的应用程序。从科学计算、数据处理到网络安全、人工智能，Python 都能够发挥重要作用。

（6）强制缩进：Python 通过强制缩进来体现语句间的逻辑关系，显著增强了程序的可读性。

（7）模式多样：尽管 Python 解释器内部采用面向对象方式实现，但 Python 同时支持面向过程和面向对象两种编程方式，为程序员提供了灵活的编程模式。

1.3.3 Python 的应用领域

Python 的应用领域极其广泛，下面介绍 Python 的八大主要应用领域。

1. 人工智能

Python 在人工智能领域内的机器学习、深度学习等方面都是主流编程语言，流行的深度学习框架（如 PyTorch 和 TensorFlow）都采用了 Python。

2. 科学计算与数据分析

随着 NumPy、SciPy、Matplotlib 等众多程序库的涌现和完善，Python 被广泛用于科学计算与数据分析。它不仅支持各种数学运算，还支持绘制高质量的 2D 和 3D 图像。与科学计算领域流行的商业软件 MATLAB 相比，Python 的应用范围更广泛。

3. 云计算

Python 的强大之处在于模块化，而构建云计算平台 IaaS 服务的 OpenStack 就是采用 Python 开发的。

4. 网络爬虫

网络爬虫的作用是从网络上获取有用的数据或信息，它可以节省大量人工和时间。能够编写网络爬虫的编程语言有很多，但 Python 绝对是其中的主流之一，Requests 库和 Scrapy 框架让开发网络爬虫变得非常容易。

5. Web 开发

PHP 依然是 Web 开发的流行语言，但 Python 上升势头更强劲。随着 Python 的 Web 开发框架（如 Django 和 Flask）逐渐成熟，开发人员可以快速地开发功能强大的 Web 应用。

6. 自动化运维

Python 是运维工程师首选的编程语言。在许多操作系统中，Python 是标准的系统组件。大多数 Linux 发行版和 macOS 都集成了 Python，可以在终端直接执行 Python。Python 标准库包含了多个调用操作系统功能的库。使用 pywin32，Python 能够访问 Windows 的 COM 服务及其他 Windows API。使用 IronPython，Python 程序能够直接调用.NET Framework。Python 编写的系统管理脚本在可读性、性能、代码重用度、扩展性等方面都优于普通的 Shell 脚本。

7. 网络编程

Python 提供了丰富的模块以支持 Socket 编程，能方便、快速地开发分布式应用程序。很多大规模软件开发项目（如 Zope、MNet、BitTorrent）广泛地使用了 Python。

8. 游戏开发

在游戏开发中，很多游戏往往使用 C++编写图形显示等高性能模块，使用 Python 或 Lua 编写游戏的业务逻辑。Python 有更强的抽象能力，可以用更少的代码描述游戏业务逻辑。Python 的 pygame 库也可用于直接开发一些简单游戏。

1.3.4 Python 2 和 Python 3

目前使用最广泛的 Python 版本为 Python 3.5，2019 年 9 月发布的版本为 Python 3.7.4。

Python 2 于 2000 年 10 月 16 日发布，其主要实现了完整的垃圾回收，并且支持 Unicode。

Python 3 于 2008 年 12 月 3 日发布，此版本不兼容之前的 Python 2 源代码。由于 Python 3 不兼容 Python 2，因而给学习者带来了很多困惑。例如，很多初学者在网络上看到的第一个 Python 程序如下。

```
print 'Hello World!'
```

但是在开发环境中执行该代码时，会出现图 1-10 所示的错误。

```
In [1]: print 'Hello World!'

    File "<ipython-input-1-749b072d7804>", line 1
      print 'Hello World!'
                         ^
  SyntaxError: Missing parentheses in call to 'print'
```

图 1-10 出现错误

由于上述代码基于 Python 2，但实际开发环境是 Python 3，Python 3 不兼容 Python 2，因此导致了这个错误。

在 Linux 和 macOS 操作系统上，都默认安装了 Python 2.7。在 Windows 操作系统上，默认没有安装 Python。大多数第三方库已转向支持 Python 3。即使无法立即使用 Python 3，也建议编写兼容 Python 3 的程序，然后使用 Python 2.7 来执行。

Python 官方已于 2020 年 1 月 1 日停止对 Python 2 的支持。另外，由于 Python 3 在 2008 年年末推出，至今已经超过 10 年，非常成熟，因此建议读者直接学习 Python 3，这样可以避开很多陷阱，减轻学习负担。

1.4 Python 开发环境配置

集成开发环境（Integrated Development Environment，IDE）是提供给开发者的一种基本应用环境，用于编写和测试软件。一般而言，IDE 由一个编辑器、一个编译器（或称为解释器）和一个调试器组成，通常能够通过图形用户界面（Graphical User Interface，GUI）来操作。

常用的 Python 开发环境有很多，如 IDLE、PyCharm、Anaconda 等，其中 IDLE 是简洁的集成开发环境，也是全国计算机等级考试二级 Python 科目的指定工具，其大小不到 30MB。另外，互联网也提供了在线的类似 Jupyter Notebook 的平台，国内的有米筐、聚宽，国外的有 CoLab。使用云端的类似 Jupyter Notebook 的平台免去了安装软件的麻烦，非常适合初学者。

1.4.1　使用云端开发环境米筐 Notebook

V1-2　一分钟构建 Python 开发环境

IPython Notebook 是基于浏览器的 Python 数据分析工具，使用方便，具有极强的交互性和富文本的展示效果，Jupyter Notebook 是它的升级版，Anaconda 自带 Jupyter Notebook。国内很多量化投资网站提供了类似 Jupyter Notebook 的云端交互式 Python 开发环境，用户可以在其上开发投资策略。当然，用户也可以用其来学习 Python，从而免去安装软件的麻烦。本书介绍米筐 Notebook 的使用，该平台为用户免费提供 6GB 的内存。米筐 Notebook 的另一优势是预装好了常用的第三方库，如 NumPy、pandas、scikit-learn、seaborn 等，还支持 pip 命令来安装自己需要的其他库。类似的网站还有聚宽，其特点是既支持 Python 2，又支持 Python 3，但是它提供给用户的内存只有 1GB。国内的百度公司也提供了 AI Studio 深度学习开发实训平台，包括在线编程环境、免费 GPU 算力和常用数据集。该平台与 Jupyter Notebook 在使用方式上有一定差别。

下面介绍访问米筐官网、进入米筐 Notebook 编辑界面的操作步骤。

访问米筐官网，注册账户或者直接使用微信登录。登录网站后，在页面左侧选择“投资研究”，如图 1-11 所示，启动米筐 Notebook。

【提醒】网站可能改版，操作界面可能会有所不同。

图 1-11　启动米筐 Notebook

启动后，出现图 1-12 所示的初始界面。

图 1-12　初始界面

单击右上角的“新建”下拉按钮，出现下拉列表框，选择“Python 3”选项，如图 1-13 所示。

图 1-13　选择“Python 3”选项

进入米筐 Notebook 编辑界面，如图 1-14 所示。

图 1-14　米筐 Notebook 编辑界面

这样，就可以输入并执行 Python 3 代码了。

1.4.2　安装一站式开发环境 Anaconda

Anaconda 是一款 Python 库管理和环境管理软件，主要用于科学计算，支持 Linux、macOS、Windows 操作系统，它可以很方便地解决多版本 Python 并存、切换及各种第三方库安装问题。Anaconda 利用工具或 conda 命令进行库和环境的管理，并且已包含了 Python 和相关的配套工具。

与 Python 相对应，Anaconda 分为 Anaconda 2 和 Anaconda 3 两个版本，并且其官网提供 32 位和 64 位的安装包供下载。由于从国内网络访问 Anaconda 官网的速度较慢，因此建议从国内开源软件镜像站下载 Anaconda 并配置镜像，如清华大学开源软件镜像站。

新版本 Anaconda 安装包的大小已超过 500MB，如果硬盘空间有限，可以安装 Miniconda。这是一款 Anaconda 的轻量级替代软件，默认仅包含了 Python 和 conda，可以通过 pip 和 conda 来安装需要的库。

小知识：国内镜像站点

网络带宽限制等原因会导致用户无法实现对主站点的正常访问，镜像站点就此诞生。镜像站点通过将主站点的信息资源转移到相对容易访问的本地备份版服务器，提高用户的访问效率。Python、PHP、Linux 均有国内的镜像站点，方便用户快速地安装和下载。

成功安装 Anaconda 后，需要修改其库管理镜像为国内源，只需在 CMD 窗口中分别执行以下两条命令。

```
conda config --add channels https://mirrors.tuna.tsinghua.edu.cn/anaconda/pkgs/free/
conda config --set show_channel_urls yes
```

安装成功后，“开始”菜单中应当出现图 1-15 所示的程序。

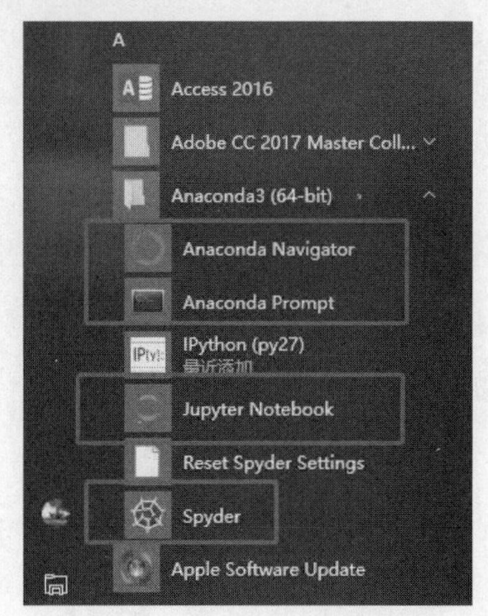

图 1-15 “开始”菜单中的程序

1.4.3 以两种方式运行第一个程序：Hello, World!

学习一门新程序设计语言的唯一途径就是使用它编写程序。对于所有语言的初学者来说，编写的第一个程序几乎都是相同的，即“Hello, World!”程序。“Hello, World!”程序指的是在计算机屏幕上输出“Hello, World!”（意为“你好，世界！”）字符串的计算机程序。一般来说，这是每一种计算机编程语言中最基本、最简单的程序。它可以用于确定该语言的编译器、程序开发环境，以及运行环境是否已经安装妥当。

运行程序有两种方式：交互式和文件式。交互式是 Python 特有的方式，其他编程语言通常只有文件式运行方式。交互式是指 Python 解释器即时响应用户输入的每条代码，给出输出结果。文件式也称为批量式，是指用户将 Python 程序写在一个或多个文件中，然后启动 Python 解释器，批量运行文件中的代码。就初学者而言，米筐 Notebook 提供的交互式是学习 Python 的理想选择。当开发较大规模的程序时，主要采用文件式。

下面以运行“Hello，World!”程序为例，具体说明在米筐 Notebook 中运行代码的两种方式。

方式 1：在编辑模式下输入 print('Hello, World!')，再单击工具栏中的“运行”按钮（或按组合键 Ctrl+Enter），就能运行代码。运行效果如图 1-16 所示。

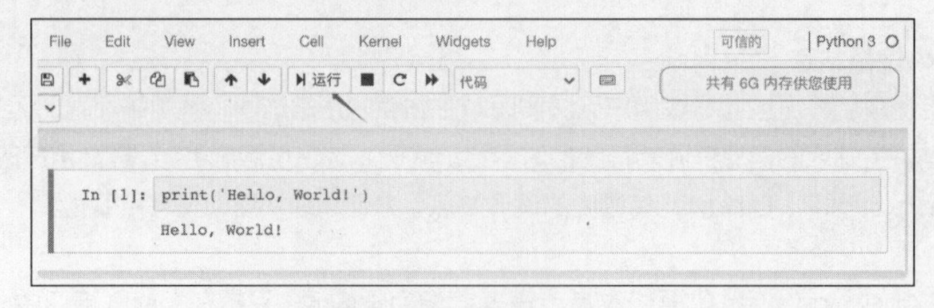

图 1-16 运行效果（1）

方式 2：创建文件 hello.py，将其上传到云端，在米筐 Notebook 中运行命令!python 3 hello.py。运行效果如图 1-17 所示。

```
In [1]: !python3 hello.py
        Hello, World!
```

图 1-17　运行效果（2）

1.5 米筐 Notebook 的使用

米筐 Notebook 本质上是一个支持实时代码、数学方程、可视化和 Markdown 格式的 Web 应用程序。对于数据分析，米筐 Notebook 最大的优点是可以重现整个分析过程，并将说明文字、代码、图表、公式和结论都整合在一个文档中，用户可以通过 GitHub 将分析结果分享给其他人。

米筐 Notebook 可作为代码草稿纸，用于将开发者头脑中的思路以最简单、快速的形式实现，验证思路是否可行。证明可行性后，再将注意力转移到代码的运行效率及更优编码实现方案上；等一切都运行良好后，再整理代码、处理代码规范等。这种流程能大大提高开发效率。

1.5.1 米筐 Notebook 的基本操作

V1-3　Jupyter 笔记本的文件操作

米筐 Notebook 功能强大，下面介绍其最常用的操作。

1. 启动米筐 Notebook 并新建 Notebook

使用米筐云端环境：登录米筐网站，单击首页左侧的“投资研究”，可以直接使用米筐 Notebook。

使用本地环境：安装好 Anaconda 后，可以通过图形化方式或者在系统终端输入命令 jupyter notebook 来启动米筐 Notebook。

完成米筐 Notebook 的启动后，单击右上方的“新建”下拉按钮，出现下拉列表框，选择“Python 3”选项，就成功创建了一个新的 Notebook。

2. 米筐 Notebook 的界面及其组成

米筐 Notebook 文档由一系列单元（Cell）构成，主要包括两种形式的单元，即 Markdown 单元（标记单元）和代码单元，如图 1-18 所示。

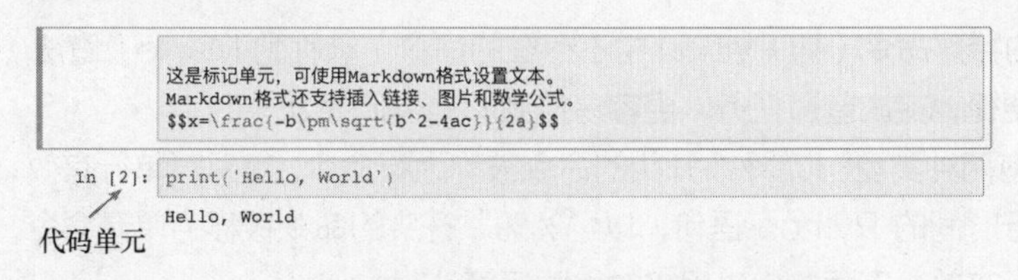

图 1-18　标记单元和代码单元

（1）标记单元：可用于编辑文本，其采用 Markdown 格式规范，可以设置文本，支持插入链接、图片和数学公式。编写好 Markdown 语句后，按组合键 Ctrl+Enter 或 Shift+Enter 可运行标记单元，显示格式化的文本。图 1-18 所示标记单元运行后的效果如图 1-19 所示。

（2）代码单元：代码单元是编写代码的地方，其通过按组合键 Ctrl+Enter 或 Shift+Enter 运行代码，运行结果显示在相应单元下方。代码单元左边有“In [*x*]”编号，“*x*”用于标记代码运行的顺序。

这是标记单元，可使用Markdown格式设置文本。Markdown格式还支持插入链接、图片和数学公式。

$$x = \frac{-b \pm \sqrt{b^2 - 4ac}}{2a}$$

图 1-19　标记单元运行后的效果

3. 命令模式和编辑模式

米筐 Notebook 的编辑界面类似于 Linux 的 Vim 编辑器界面，其包括两种模式：命令模式和编辑模式。① 命令模式：用于运行键盘输入的快捷命令，此时单元左侧显示蓝色竖线；② 编辑模式：用于编辑文本和代码，此时单元左侧显示绿色竖线。添加新单元后，处于命令模式。两者的相互切换如图 1-20 所示。

图 1-20　命令模式和编辑模式的相互切换

4. 查看 Notebook 的状态

代码无法运行的原因有很多，其中一个很重要的原因就是 Notebook 没有处于正常工作状态。如图 1-21 所示，界面右上角出现相应警告，这时即使代码没有问题，程序也无法正常运行。

图 1-21　出现相应警告

1.5.2　Magic 命令 *

IPython 中的特殊命令（即 Python 中不存在的命令）被称为 Magic（魔法）命令。Magic 命令可以使用户更便捷地实施普通任务，更容易控制 IPython 系统。

Magic 命令有两种类型：以“%”开头的命令被称为行命令，其只对单行有效，例如，用%timeit 测量矩阵乘法运行时间的 Python 语句；以“%%”开头的命令被称为单元命令，其放在单元的第一行，对整个单元有效。下面的代码用来对点乘运算计时。

```
import numpy as np


a = np.random.randn(100, 100)
%timeit np.dot(a, a)
603 µs ± 48.3 µs per loop (mean ± stD. dev. of 7 runs, 1000 loops each)
```

常见的 Magic 关键字及其含义如表 1-2 所示。

表 1-2　　　　常见的 Magic 关键字及其含义

关 键 字	含 义
%timeit	测试单行语句的运行时间
%%timeit	测试整个块中代码的运行时间
%matplotlib inline	显示 Matplotlib 库生成的图形
%run	调用外部 Python 脚本
%pdb	单步调试程序
%pwd	查看当前工作目录
%ls	查看目录文件列表
%reset	清除全部变量
%who	查看所有全局变量的名称
%whos	显示所有全局变量的名称、类型、值/信息
%xmode Plain	设置为当异常发生时，展示简单的异常信息
%xmode Verbose	设置为当异常发生时，展示详细的异常信息
%debug bug	调试，输入 quit 退出调试
%env	列出全部环境变量

1.5.3　运行系统命令 *

在米筐 Notebook 中，还可以运行系统命令。米筐 Notebook 是运行在 Linux 操作系统上的，这里以米筐 Notebook 为例来展示部分常用 Linux 命令的用法。

【任务 1】查看主机的硬件配置信息，如 CPU 和内存。

【方法】在 Linux 命令前添加感叹号运行命令。

使用!cat /proc/cpuinfo 命令查看 CPU 信息。如图 1-22 所示，该 CPU 共有 6 个处理器，其型号是 Intel(R) Xeon(R) CPU E5-26xx v4。

```
In [2]: !cat  /proc/cpuinfo

        processor        : 0
        vendor_id        : GenuineIntel
        cpu family       : 6
        model            : 79
        model name       : Intel(R) Xeon(R) CPU E5-26xx v4
        stepping         : 1
        microcode        : 0x1
        cpu MHz          : 2394.446
        cache size       : 4096 KB
```

图 1-22　查看 CPU 信息

使用!cat /proc/meminfo 命令查看内存信息。如图 1-23 所示，该主机共有约 64GB 的内存。

【任务 2】下载网络文件。

【方法】使用 Linux 命令 curl 来实现。

尽管可以先把文件下载到本地，再上传到米筐 Notebook 云端，但这种方式略显烦琐，使用

Linux 命令 curl 会方便很多。curl 是一个利用 URL 规则在命令行下工作的文件传输工具，可以说是一款很强大的 HTTP 命令行工具。它支持文件的上传和下载，是综合传输工具，但习惯上称 curl 为下载工具。其下载文件命令如下所示。

```
In [3]: !cat  /proc/meminfo

        MemTotal:         65968092 kB
        MemFree:          12287796 kB
        MemAvailable:     28651004 kB
        Buffers:           1933424 kB
        Cached:           12995592 kB
        SwapCached:              0 kB
        Active:           43361660 kB
        Inactive:          5714528 kB
        Active(anon):     34150036 kB
        Inactive(anon):       1352 kB
        Active(file):      9211624 kB
        Inactive(file):    5713176 kB
```

图 1-23　查看内存信息

```
!curl -O http://speedtest.newark.linode.com/100MB-newark.bin
```

其中，参数-O 表示保留远程文件的文件名，下载的内容写到该文件中。这里下载的文件大小为 100MB。运行 curl 命令后会显示文件的传输进度，如图 1-24 所示。

```
In [*]: !curl -O http://speedtest.newark.linode.com/100MB-newark.bin
          % Total    % Received % Xferd  Average Speed   Time    Time     Time  Current
                                         Dload  Upload   Total   Spent    Left  Speed
         52  100M   52 52.4M    0     0  7710k      0  0:00:13  0:00:06  0:00:07 10.6M
```

图 1-24　运行 curl 命令后会显示文件传输进度

下载完毕后，就可以在当前目录看到所下载的文件信息，如图 1-25 所示。

```
In [9]: !ls -la

        total 102435
        drwx------ 5 rice rice      4096 3月   4 08:31 .
        drwx------ 1 rice rice      4096 3月   4 08:03 ..
        -rw-r--r-- 1 rice rice 104857600 3月   4 08:30 100MB-newark.bin
        drwxr-xr-x 2 rice rice      4096 3月   4 08:05 .ipynb_checkpoints
        -rw-r--r-- 1 rice rice      3800 3月   4 08:16 iris.csv
```

图 1-25　所下载的文件信息

1.5.4　查看软件运行环境 *

程序的运行与软件运行环境有很密切的关系。如果软件的版本与程序要求的不同，往往会导致程序报错或运行结果不正确。

【任务】查看软件运行环境，包括操作系统、Python 版本和 NumPy 库的版本。

【方法】使用 Linux 命令 uname -a 查看 Linux 版本，使用 Python 脚本查看 Python 的版本和 NumPy 库的版本。

查看 Linux 版本，如图 1-26 所示。

查看 Python 版本，图 1-27 显示，在米筐 Notebook 上 Python 的版本为 3.5.5。

```
In [6]: !uname -a

        Linux jupyter-user-5f319960 4.18.13-1.el7.elrepo.x86_64 #1 SMP Wed Oct 10 15:37:55 EDT 2018 x86_64 x86_64 x86_64 GNU/
        Linux
```

图 1-26　查看 Linux 版本

```
In [13]: import sys
         sys.version

Out[13]: '3.5.5 | packaged by conda-forge | (default, Jul 23 2018, 23:45:43) \n[GCC 4.8.2 20140120 (Red Hat 4.8.2-15)]'
```

图 1-27　查看 Python 版本

要查看 NumPy 库版本，可以使用内置的变量__version__（version 前后都是双下划线），如图 1-28 所示。

```
In [15]: import numpy as np
         np.__version__

Out[15]: '1.15.2'
```

图 1-28　查看 NumPy 库版本

【说明】使用内置的变量__version__可以查看绝大多数库的版本；针对某些库失效的情况，可使用搜索引擎来查找解决办法。

1.5.5　安装第三方库

Python 安装第三方库的命令是 pip，在米筐 Notebook 中可通过在命令前添加感叹号来运行。如果在米筐 Notebook 中运行，还需要使用参数--user，否则命令会因没有写入权限而报错。安装词云库 wordcloud 的命令如下所示。

```
!pip install wordcloud --user
```

在米筐 Notebook 中，安装第三方库 wordcloud 的过程如图 1-29 所示。

```
In [3]: !pip install wordcloud --user

        Collecting wordcloud
          Using cached https://files.pythonhosted.org/packages/5e/b7/c16286efa3d442d6983b3842f982502c00306c1a4c719c41fb00d601
        7c77/wordcloud-1.5.0-cp35-cp35m-manylinux1_x86_64.whl
        Requirement already satisfied: pillow in /opt/conda/envs/ricequant/lib/python3.5/site-packages (from wordcloud)
        Requirement already satisfied: numpy>=1.6.1 in /opt/conda/envs/ricequant/lib/python3.5/site-packages (from wordcloud)
        Installing collected packages: wordcloud
        Successfully installed wordcloud-1.5.0
        You are using pip version 9.0.3, however version 19.0.3 is available.
        You should consider upgrading via the 'pip install --upgrade pip' command.
```

图 1-29　安装第三方库 wordcloud 的过程

安装完成后，开启新的 Notebook 或者重新启动 Notebook，才能使用 wordcloud 库。

1.6　探索 Python：超级计算器

V1-4　探索 Python：超级计算器

计算机最主要的功能是计算，这里说的计算不仅限于数值计算，还包含文本处理等。

1.6.1　计算 3 的 300 次方

Python 可以当成一个计算器来使用。例如，下面计算 3 的 4 次方。

```
In [1]: 3**4
Out[1]: 81
```

【说明】

（1）“**”代表 Python 中的乘方运算符。

（2）在米筐 Notebook 中，会输出最后一行代码的变量或表达式的值，从而省略 print 语句，这一点与使用程序编辑器写代码有所不同。

（3）In 后面的序号“[1]”表示代码运行的顺序。

在很多程序设计语言中，进行稍复杂的整数计算就会造成数据溢出（超出限定的范围），但 Python 不会出现这种情况，如计算 3 的 300 次方，如下所示。

```
In [2]: 3**300
Out[2]: 136891479058588375991326027382088315966463695625337436471480190078368997177499076593800206
155688941388250484440597994042813512732765695774566001
```

使用 IPython 还可以很方便地统计计算所花费的时间，如下所示。

```
In [3]: time 3**300
CPU times: user 3 µs, sys: 0 ns, total: 3 µs
Wall time: 8.11 µs
Out[3]: 136891479058588375991326027382088315966463695625337436471480190078368997177499076593800206
155688941388250484440597994042813512732765695774566001
```

其中，Wall time 从名称上来看就是“墙上时钟”的意思，可以理解为进程从开始到结束的时间，包括其他进程占用的时间。

1.6.2　计算阶乘

在其他程序设计语言中，计算阶乘需要编写程序。在 Python 中，数学库 math 提供了这个常用的功能，如下所示。

```
In [4]: import math

In [5]: math.factorial(5)
Out[5]: 120
```

数学库 math 是 Python 自带的标准库，无需安装。Python 的强大之处之一是其拥有庞大的库，用户能想到的功能几乎都可以在 Python 标准库或第三方程序库中找到，这大大节省了开发者的时间。

1.6.3　统计单词出现的次数

Python 不仅在数值计算方面功能强大，其文本处理能力也异常强大。下面仅用 3 行代码就能计算出字符串中每个单词出现的次数。

```
txt = 'Python PHP Python C Java Java Python C++ PHP Python'
import collections
print(collections.Counter(txt.split()))
# Counter({'Python': 4, 'Java': 2, 'PHP': 2, 'C': 1, 'C++': 1})
```

【说明】最后一行是注释，本书中部分注释用于显示程序的运行结果。

1.7 小结

- 几十年来，CPU 的性能有了质的飞跃，计算机的硬件成本大幅降低，计算机的应用范围不断扩大，程序设计的效率关注点逐渐从早期的运行效率转向运行效率和开发效率并重。
- Python 是解释型语言，与 C 语言相比，Python 的开发效率高、运行效率低。
- Python 3 不兼容 Python 2，Python 官方在 2020 年停止了对 Python 2 的支持。
- 使用云端开发环境能减少配置环境的工作量，使初学者聚焦于 Python 核心技能的掌握。
- Python 提供了交互式的运行方式，使开发者能及时检查变量的值。
- 米筐 Notebook 功能非常强大，除了能够设计程序，使用它还能够编写简单的文档。
- Python 是自带“电池”的编程语言，它包括高效的核心数据结构、内置函数和标准库。
- 第三方为 Python 提供了海量的扩展库，从而大大拓展了 Python 的应用范围。

1.8 习题

一、选择题

1. Python 3 正式发布的年份是________年。
   A. 1990　　B. 2000　　C. 2008　　D. 2016
2. 关于 Python 的特点，以下选项中描述错误的是________。
   A. Python 是非开源语言　　B. Python 是脚本语言
   C. Python 是跨平台语言　　D. Python 是多模型语言
3. 从运行层面上来看，以下 4 个选项中不同的一个是________。
   A. Java　　B. Python　　C. C++　　D. C#
4. Python 是解释型的编程语言，该类型语言的特性是________。
   A. 能脱离解释器运行　　B. 效率低
   C. 独立　　D. 效率高
5. 以下选项中用 C 语言开发的 Python 解释器是________。
   A. JPython　　B. IronPython　　C. CPython　　D. PyPy
6. Python 官方网站的网址是________。
   A. https://www.python.com/　　B. https://www.python.cn/
   C. https://www.python.org/　　D. https://pypi.python.org/pypi
7. 以下选项中，不是 Python IDE 的是________。
   A. 米筐 Notebook　　B. R Studio
   C. PyCharm　　D. Spyder
8. 若想查看函数 len 的文档信息，需输入以下哪个命令？________
   A. help len　　B. help --len　　C. len help　　D. help(len)

9. 下列选项中可以准确查看 Python 版本的是________。

A. import sys
sys.exc_info()

B. import sys
sys.path

C. import sys
sys.version

D. import sys
sys.version --info

10. 在 Python 3 中，代码 print "Hello World!"的语法错误显示信息是________。

A. SyntaxError: invalid character in identifier

B. SyntaxError: Missing parentheses in call to 'print

C. <built-in function print><o:p></o:p>

D. NameError: name 'raw_print' is not defined

二、简答题

1. 培养良好的学习习惯非常重要。尝试使用语雀、印象笔记或有道云笔记记录探索 Python 的过程，笔记中应包含标题、截图、代码等内容。

2. 阐述机器语言、汇编语言和高级语言各自的特点。

3. Python 曾受到哪几种程序设计语言的影响？

4. 概括 Python 的特点。

5. 阐述 Python 的应用领域（至少 5 个）。

6. 在米筐 Notebook 中如何运行 Python 脚本文件？

7. 查看使用的开发环境的 Python 版本。

8. 计算 9**0.5 和 25**0.5 的值。

9. 查看米筐 Notebook 环境中 Requests 和 pandas 库的版本。

第 2 章

程序设计入门

- 什么是 PyPI?
- 库的导入有哪几种方式?
- 结构化程序由哪几部分构成?
- 变量命名要注意什么?
- 为何不建议使用 sum、max 等作为变量名?
- Python 的核心数据类型有哪些?
- Python 整数有固定长度吗?
- 浮点数的“不确定尾数”是怎么产生的?
- 哪个函数可用于查看变量的类型?
- 输入函数 input 的返回值是什么类型的?
- 如何使用程序在线评测系统?

2.1 计算生态和模块编程

Python 与其他编程语言最大的区别就是其庞大的第三方库，这些库形成了计算生态。Python 从诞生之初就致力于开源、开放，从而建立了全球最大的编程计算生态。

2.1.1 计算生态

Python 官方网站提供了第三方库的索引功能（the Python Package Index，PyPI），PyPI 网站界面如图 2-1 所示。该网站列出了 Python 的约 17 万个第三方库的基本信息，这些库覆盖信息领域所有技术方向。

图 2-1　PyPI 网站界面

Python 的库并非都用 Python 编写而成。由于 Python 有简单灵活的编程方式，因此很多采用 C、C++等语言编写的专业库可经过简单的接口封装供 Python 程序调用。这样的黏性功能使得 Python 成为了各类编程语言之间的接口，围绕它迅速形成了全球最大的编程语言开放社区。

在计算生态思想指导下，编写程序的起点不再是探究每个具体算法的逻辑功能和设计，而是尽可能复用第三方库的代码，探究运用库的系统方法。这种像搭积木一样的编程方式被称为模块编程。每个模块可能是标准库、第三方库、用户编写的其他程序或对程序运行有帮助的资源等。

2.1.2 导入库和函数 ★

Python 模块包括库（Library）、模块（Module）、类（Class）和包（Package）等，本书把它们统称为“库”。Python 内置的库为标准库，其他库为第三方库。

有编程经验的读者应当知道，C 语言中如果需要使用库函数，必须用#include 语句，如#include <stdio.h>；Java 要使用包，必须用 import 语句，如 import java.util.*。Python 也是如此，导入库和函数的常用方式有 5 种，如表 2-1 所示。

表 2-1 导入库和函数的常用方式

方　式	示　例	说　明
导入库	import math	库名很短时使用
导入库并起别名	import numpy as np	库名很长时使用
从库中导入一个函数	from math import sqrt	—
从库中导入多个函数	from math import sqrt, fabs	—
从库中导入所有函数	from math import *	不推荐，限于实验和探索时使用

具体的使用方式如下所示。

1. 导入库

导入库的代码如下所示。

```
import math
print(math.sqrt(3))      # 1.7320508075688772
```

这里用到了数学库 math 中的计算平方根函数 sqrt，可通过 import math 来导入库。

2. 导入库并起别名

在代码中推荐使用类似 math.sqrt 的写法，这样的代码可读性好。但如果库名很长，用起来就不方便，这时可以采用下面的做法。

```
import numpy as np
na = np.array(range(0,5))     # array([0, 1, 2, 3, 4])
print(na.mean())              # 2.0  数组的平均值
```

上面第 1 行代码为 NumPy 起了别名 np。别名通常会采用被广泛认可的名称，代码如下所示。

```
import numpy as np
import pandas as pd
import matplotlib.pyplot as plt
```

3. 从库中导入一个函数

由于需要多次使用 math 库中的函数 sqrt，因此可以使用 from math import sqrt 将库中的函数 sqrt 导入当前空间，代码如下所示。

```
from math import sqrt
print(sqrt(3))                  # 1.7320508075688772
print(sqrt(9))                  # 3.0
```

4. 从库中导入多个函数

从特定库中导入多个函数的代码如下所示。

```
from math import sqrt, fabs
print(sqrt(9))                    #  3.0
print(fabs(-2))                   #  2.0
```

5. 从库中导入所有函数

如果需要导入的函数非常多，可以一次性导入库中所有函数，代码如下所示。

```
from math import *
print(sqrt(9))
print(fabs(-2))
```

要查看库中的函数，可以使用函数 dir，如 dir(math)，输出如下所示。

```
['__doc__', '__file__', '__loader__', '__name__', '__package__', '__spec__', 'acos', 'acosh', 'asin', 'asinh', 'atan', 'atan2', 'atanh', 'ceil', 'copysign', 'cos', 'cosh', 'degrees', 'e', 'erf', 'erfc', 'exp', 'expm1', 'fabs', 'factorial', 'floor', 'fmod', 'frexp', 'fsum', 'gamma', 'gcd', 'hypot', 'inf', 'isclose', 'isfinite', 'isinf', 'isnan', 'ldexp', 'lgamma', 'log', 'log10', 'log1p', 'log2', 'modf', 'nan', 'pi', 'pow', 'radians', 'sin', 'sinh', 'sqrt', 'tan', 'tanh', 'tau', 'trunc']
```

2.2 结构化程序的框架

20 世纪 80 年代，随着应用系统的日趋复杂、庞大，结构化开发方法在工程应用中出现了一些问题。同期，面向对象的程序设计思想经过 20 年的研究和发展逐渐成熟，一大批面向对象语言相继出现。

V2-1 结构化程序的框架

Python 既支持面向对象程序设计，也支持面向过程程序设计。在完成简单任务时，面向对象程序设计并没有太多优势，所以本书主要介绍面向过程程序设计。

计算机程序用于解决特定计算问题。较大规模的程序提供丰富的功能来解决完整的计算问题，如控制航天飞机运行的程序、操作系统等；小型程序或程序片段可以为其他程序提供特定计算支持，作为解决更大计算问题程序的组成部分。

无论程序规模如何，每个程序都有统一的运算模式——输入（Input）数据、处理（Process）数据和输出（Output）数据，简称 IPO，它们形成了基本的程序处理流程，如图 2-2 所示。

输入是程序的开始。程序有多种数据源，从而形成了多种输入方式，包括文件输入、网络输入、控制台输入、交互界面输入、随机数据输入、内部参数输入等。

处理是程序对输入进行计算并产生输出结果的过程。计算问题的处理方法统称为算法，它是程序最重要的组成部分，是程序的核心。

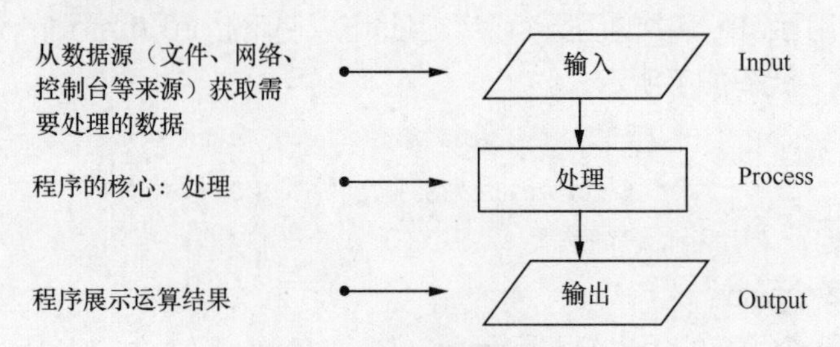

图 2-2　基本的程序处理流程

输出是程序展示运算结果的方式。程序的输出方式包括控制台输出、图形输出、文件输出、网络输出、操作系统内部变量输出等。

【任务】根据圆的半径来计算圆的周长和面积。

【方法】根据 IPO 流程，可分为 3 个步骤。

（1）输入：使用函数 input 获取输入数据，然后将输入数据转换为浮点数。

（2）处理：根据半径计算出周长和面积，并保存到变量 circumference 和 area 中。

（3）输出：使用函数 print 输出计算结果。

【提示】初学者在刚接触程序设计时，往往会在程序的输入、输出上遇到困难。实际上，输入、输出的代码很少发生变化，多多练习就很容易掌握。

【代码】

```
#-*-coding: utf-8-*
# 本程序的功能是根据圆的半径来计算圆的周长和面积
import math


radius = float(input("输入圆的半径: "))
circumference = 2 * math.pi * radius     # 计算圆的周长
area = math.pi * radius * radius         # 计算圆的面积
print("圆的周长是%.2f, 圆的面积是%.2f。" %(circumference, area))
```

【说明】符号#后面的内容是注释，用来辅助程序阅读者了解代码功能，在练习时不必输入。

【运行】运行代码，会提示输入圆的半径，如图 2-3 所示。

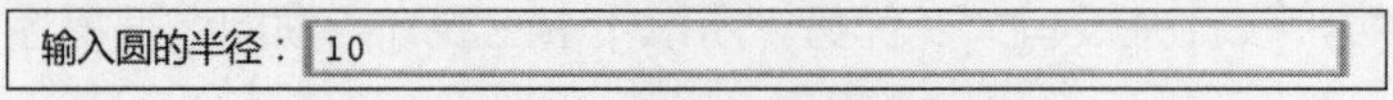

```
输入圆的半径： 10
```

图 2-3　提示输入圆的半径

输入 10 后，按组合键 Ctrl+Enter，显示结果如下。

```
圆的周长是 62.83，圆的面积是 314.16。
```

2.3 Python 程序语法元素分析

Python 程序的基本语法元素有缩进、关键字、标识符、变量、注释、多行语句等，下面介绍这些基本语法元素。

2.3.1 缩进 ★

V2-2 强制代码缩进

Python 以缩进方式来标识代码块，不再需要使用花括号，代码显得简洁明快。同一个代码块的语句必须保证使用相同的缩进空格符数，否则将会出错。对缩进的空格符数并没有硬性要求，只要一致即可，建议使用 4 个空格符。

正确缩进的 Python 代码如下所示。读者可以尝试在米筐 Notebook 中运行下面的代码，暂时无须理解所有代码。

```
# 求水仙花数

for i in range(100, 1000):
    a = i//100
    b = i//10%10
    c = i%10
    if (i==a*a*a+b*b*b+c*c*c):
        print(i, end=' ')

# 153 370 371 407
```

如果在第 5 行的 b 前添加几个空格符，会出现如下错误。

```
  File "<ipython-input-24-7fc265b4ad9b>", line 3
    b = i//10%10
    ^
IndentationError: unexpected indent
# 缩进错误：意外缩进
```

强制缩进来源于 ABC，而 C 语言和 Java 习惯上用花括号标识代码块。

对于习惯了 C 语言的程序员而言，乍一看缩进规则可能会有点特别，而这正是 Python 为程序员精心设计的。Python 引导程序员编写出统一、整齐并具有可读性的程序，这也意味着程序员必须根据程序的逻辑结构，以垂直对齐的方式来组织程序代码。

缩进规则可能会给初学者带来不便。例如，初学者将网页上的 Python 代码复制到米筐 Notebook 中，代码无法正确运行或者运行结果与预期结果不一致，这很有可能是代码中原有的空格消失或者制表符与空格符混用导致的。

2.3.2 关键字

关键字（Keyword）也称保留字，是指语言内部定义并保留使用的标识符。程序员编写程序时不能命名与关键字相同的标识符。每种程序设计语言都有一套关键字，关键字一般被用来构成程序整体框架、表达关键值及具有结构性的复杂语义等。

与其他标识符一样，Python 的关键字是大小写敏感的。例如，True 是关键字，但 true 不是关键字。Python 的标准库提供了 keyword 模块，可以输出当前版本的所有关键字。

下面的代码用于关键字的判断和关键字个数的计算。

```
import keyword
```

```
print(keyword.iskeyword('for'))     # True
print(len(keyword.kwlist))          # 33
```

以上代码中 keyword.kwlist 返回了一个列表，其中包含 33 个关键字，函数 len 用于求列表的长度。这 33 个关键字中，3 个为首字母大写，其他 30 个全部为小写，如表 2-2 所示。

表 2-2　　　Python 3 的 33 个关键字

False	None	True	—	—	—
and	as	assert	break	class	continue
def	del	elif	else	except	finally
for	from	global	if	import	in
is	lambda	nonlocal	not	or	pass
raise	return	try	while	with	yield

2.3.3　标识符

标识符是计算机语言中允许作为名称的有效字符串集合。Python 标识符命名规则与 C、Java 等高级语言相似，主要有以下命名规则。

（1）标识符可以包含字母、数字和下划线，不能出现分隔符、标点符号或者运算符。当标识符包含多个单词时，可以使用下划线连接，如 student_name。

（2）数字不能作为标识符的首字符。

（3）标识符不能是关键字。

（4）标识符的长度不限，但需要区分大小写。

开头和结尾都使用下划线的名称是 Python 自定义的特殊方法与变量名（对于特殊方法，可以对其进行重新实现），所以编程时不应该再引入这种开头和结尾都使用下划线的名称。

2.3.4　变量

Python 中的变量不需要提前声明，在创建时直接对其赋值即可，变量类型由赋给变量的值决定。一旦创建了变量，就需要给该变量赋值。一种通俗的说法是，变量好比一个标签，指向内存空间的一个特定地址。创建一个变量时，系统会自动为该变量分配内存空间，用于存放变量值。

变量的命名须严格遵守标识符的规则，Python 中还有一类非关键字的名称，如内置函数名。这类名称有某种特殊功能，虽然作为变量名时不会出错，但会造成相应的功能丧失。例如，下面的代码使用了变量 sum。

```
print(sum([1, 2, 3]))    # 6

sum = 0
print(sum)               # 0
print(sum([1, 2, 3]))
```

运行上述代码，输出 6 和 0 后，会出现下面的错误。

```
TypeError: 'int' object is not callable
```

函数 sum 可以用来对序列进行求和（第一行代码）。但是 sum 一旦用作变量名，就失去了原有的功能。最后一行代码再次应用函数 sum 求和，但此时系统认为 sum 是一个整数变量，而不是一个函数，所以出现了上述错误。因此，在变量命名时，不仅要避免使用 Python 中的关键字，还要避开内置函数名，以免出现错误。

【说明】内置函数名的优先级是最低的，详见第 6 章“函数”中的 6.7.4 小节“LEGB 原则”。

2.3.5 注释

注释对于程序开发来说是不可或缺的。Python 中单行注释以“#”开头，多行注释可以用多个“#”，或者使用'''和"""。下面的代码中，前 2 行是单行注释，后面的是多行注释。

```
# #后面是注释
# 注释用于说明程序功能

'''
多行注释使用'''开始和结尾
实际上定义了字符串，但并没有赋值，也没有将其作为函数的输入
间接起到了注释的作用
'''
```

【说明】在本书中，如果程序的输出结果不长，会以注释的形式放在相应语句的后面。

2.3.6 多行语句

多行语句可以有两种理解：一条语句多行和一行多条语句。

一条语句多行的情况一般是单条语句太长，需要表达的程序逻辑较多，使用编辑器无法对此进行有效编写，或者考虑到代码的美观和可读性，这时就需要使用“续行符号”。使用反斜杠“\”可以实现一条长语句的换行，如下所示。

```
one, two, three = 1, 2, 3
total = one + \
        two + \
        three
print(total)          # 6
```

包括在圆括号“( )”、方括号“[ ]”和花括号“{ }”中的多行语句不需要使用反斜杠。如下所示。

```
lst = [[1, 2, 3],
       [4, 5, 6],
       [7, 8, 9]]
print(lst)

# [[1, 2, 3], [4, 5, 6], [7, 8, 9]]
```

一行多条语句往往在语句间关系紧密的情况下使用分号，如下所示。

```
a = 3; b = 4; c = 3 + 4
print(a, b, c);            # 3 4 7
```

【说明】如果每行只有一条语句，通常是不使用分号的。

V2-3　Python 的六大核心数据类型

2.4 Python 的六大核心数据类型

使用计算机对数据进行运算时需要明确数据的类型和含义。例如，对于数据 100101，计算机需要明确地知道这个数据是十进制数字、二进制数字，还是字符串。数据类型被用来表达数据的含义，消除计算机对数据理解的二义性。Python 支持多种数据类型，核心的有 6 种，如图 2-4 所示。

int 整数：3　1844674 4073709 551616（2^{64}）
float 浮点数：3.00　math.pi
str 字符串：'Hello'　'3.142'
基本数据类型

tuple 元组：3, 4　(3, 4)　('eric',18)（圆括号）
list 列表：[3,4,5]　['hello','world']　['eric',18]（方括号）
dict 字典：{ '中国'：'北京'，'法国'：'巴黎'，'日本'：'东京' }　{ 3: 9, 4: 16, 5: 25 }（花括号）
组合数据类型

图 2-4　Python 的 6 种核心数据类型

基本数据类型包括整数、浮点数和字符串。

组合数据类型包括元组、列表和字典，分别使用圆括号、方括号和花括号表示，它们也被称为**容器**（Container）。它们的共性是可以获取元素或者为元素赋值（限于列表和字典），元素取值和赋值通常采用索引表达式的形式。

查看数据类型可以使用内置函数 type，如下所示。

```
type(3)          # 整数
type(3.0)        # 浮点数
type('3.0')      # 字符串
type((3,4))      # 元组
type([3,4])      # 列表
type({3:4})      # 字典
```

类型之间还可以相互转换，如下所示。

```
int(3.9)            # 3  浮点数转换为整数，舍去小数部分
str(3.9)            # '3.9'  浮点数转换为字符串
str(3)*5            # '33333'  整数 3 转换为字符串，然后执行字符串乘法
```

【说明】浮点数转换为整数时，小数部分会被舍弃（不使用四舍五入的规则）。

2.5 可变类型和不可变类型 *

可变（Mutable）与不可变（Immutable）是对各种数据类型都有意义的重要性质。可变类型的对象在创建后可以变化（包括结构或内容的变化），而不可变类型的对象在创建后不会改变（不能修改）。

Python 的基本数据类型都是不可变类型。它们的对象只能被创建（例如，数值计算就会创建

新对象），已有的对象不能被修改。例如，假设 x 的值是整数，x += 1 要求创建一个比 x 原值大 1 的新对象，并将该对象赋给 x，原来的整数对象被丢弃，交给系统处理。

列表、字典是可变类型，元组和字符串是不可变类型。对不可变类型的操作只有创建对象（生成新对象）和取得对象内部的信息；对可变类型还可以进行修改对象的操作。

【说明】在常见类型中，只有列表和字典是可变类型，其他是不可变类型。

学习过 C 语言的读者可能会产生疑惑，执行语句 a = 3; a = 81 后，变量 a 的值变为 81 了，明明是可变的，为何称其为不可变类型呢？

在 C 语言中，如图 2-5 中的左图所示，语句 int a; a = 3; a = 81 的执行过程是这样的：① 声明类型后，为变量 a 分配一个指定的区域；② 执行 a = 3 后，将该区域的存放内容更新为 3；③ 执行 a = 81 后，将该区域的存放内容更新为 81。a 被称为变量，a 所在地址存储的内容是可变的。

在 Python 中，如图 2-5 中的右图所示，语句 a = 3; a = 81 的执行过程是这样的：① 执行 a = 3，创建一个对象来代表值 3，创建一个变量 a，将变量 a 和对象 3 相连接；② 执行 a = 81，创建一个对象来代表值 81，变量 a 已经存在，将变量 a 和对象 81 相连接，由于没有其他变量引用对象 3，故释放对象 3。

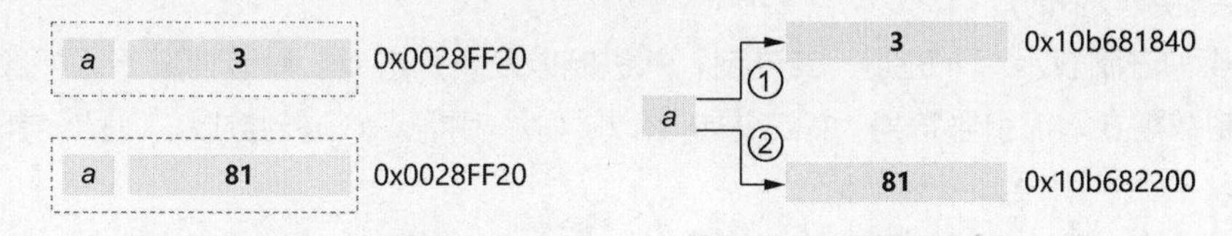

图 2-5　C 语言与 Python 中的赋值语句执行对比

Python 中的整数对象被创建后是不能再改变的，如果要实现类似于 C 语言中的改变，需创建新的对象，并使原变量指向新的对象。Python 中的变量名引用了对象，如果执行赋值语句后变量名引用的对象发生了变化，则变量的类型也发生变化。

下面的代码段可以帮助理解赋值语句的执行过程，注意两个 a 输出对象的地址会有所不同。

```
a = 3
print(hex(id(a)))    # 0x10b681840
a = 81
print(hex(id(a)))    # 0x10b682200
```

【说明】函数 ID 用于获取对象的内存地址，函数 hex 用于将十进制整数转换成十六进制整数，并将其以字符串形式表示。

2.6 数字类型和算术运算

Python 提供了 3 种数字类型：整数（int）、浮点数（float）和复数（complex）。例如，1010 是整数，10.10 是浮点数，10+10j 是复数。布尔值是整数的子类型，只有 True 和 False 两个值。布尔运算主要用于条件判断。

Python 支持的 3 种数字类型的使用方法如下。

```
print(type(3))      # <class 'int'>
print(type(1.0))    # <class 'float'>
```

```
print(type(3+4j))  # <class 'complex'>
```

基本的算术运算如下。

```
print(9 + 4)  # 13
print(9 - 4)  # 5
print(9 * 4)  # 36
print(9 / 4)  # 2.25
print(9 //4)  # 2
print(9 % 4)  # 1
```

本节介绍部分数字类型和常用算术运算。

2.6.1 整数

Python 中的整数与数学中整数的概念一致，其理论上的取值范围是[-∞, +∞]。只要计算机内存能够存储，Python 程序可以使用任意大小的整数，可以认为整数是没有取值范围限制的。在Python 中，一定范围内的整数计算通过硬件直接实现，计算效率高。超范围的整数计算通过软件技术模拟，会耗费较多时间。

整数用 4 种进制表示：十进制、二进制、八进制以及十六进制。默认情况下，整数采用十进制数。其他进制数需要增加引导符号，如二进制数以“0b”引导，八进制数以“0o”（字母 o）引导，十六进制数以“0x”引导。

Python 中的一切（变量、函数等）都是对象。这意味着整数对象也有内置函数。如可以调用函数 bit_length 获得数值所需的空间，如下所示。

```
googol = 10 ** 100
print(googol.bit_length())        # 333
print(type(googol))               # <class 'int'>
```

函数 bit_length 返回的仅仅是数值占用的空间，对象占用的空间可使用函数 sys.getsizeof 来获取，如下所示。

```
import sys
n = 10
print(n.bit_length())       # 4
print(sys.getsizeof(n))     # 28
```

函数 getsizeof 以字节（Byte）为单位，返回对象的大小，这个对象可以是任意类型的。该函数对内置对象都能返回正确的结果，但不保证该函数对第三方扩展库的对象有效，这与第三方库的具体实现有关。

Python 是动态类型语言，解释程序在执行时推知对象的类型。C、C++、Java 等编译语言是静态类型语言，在这类语言中，对象类型必须在编译之前与对象绑定。

2.6.2 浮点数

Python 中的浮点数与数学中实数的概念一致，表示带有小数的数值。在整数中加一个点，如 3.或者 3.0，Python 会将这个数解释为浮点数，如下所示。

```
type(3.0) # float
```

浮点数计算通过硬件实现，统一而高效。计算机底层硬件采用 IEEE 754 浮点数标准，标准浮点数具有 16～17 位（bit）的十进制精度，其表示范围大致为[2.23×10^{-308}, 1.79×10^{308}]，其中绝对值太小的实数被归为 0，绝对值太大的实数则无法表示。

Python 浮点数运算存在一个“不确定尾数”问题，即两个浮点数进行运算时，可能在运算结果后增加一些不确定的尾数，如下所示。

```
print(0.35 + 0.20)   # 0.55
print(0.27 + 0.20)   # 0.47000000000000003
print(0.28 + 0.32)   # 0.6000000000000001
```

这是 CPU 和 IEEE 754 标准通过自身的浮点数单位执行算术运算时的特征。要比较两个浮点数是否相等，采用的方法是检查这两个浮点数差值的绝对值是否足够小。

一般情况下，不确定尾数导致的小误差是允许存在的。如果不能容忍这种误差（如金融领域），就要采用一些措施来解决这个问题。Python 提供了 decimal 模块，它用于十进制数计算，可以设置精度范围，以满足更高精度的要求。

对于同一个浮点数，可以采用多种形式描述它。例如，1234.0、1.234e3、0.1234e4 写法不同，而它们描述的是同一个浮点数。在显示计算结果时，解释器会自动选择合适的方式，尽可能使输出易于阅读，如下所示。

```
print(1.23e4)                             # 12300.0
print(1234567891011121314.15161718)       # 1.2345678910111214e+18
```

几乎无穷精度的浮点数用上述方式表示起来也很方便，但它的运算速度大打折扣。因此，在科学计算领域会采用 NumPy 库，这个库使用 C/C++，其中的浮点数是 64bit 长度的双精度浮点数。

2.6.3 常用算术运算

Python 的常用算术运算如表 2-3 所示。

表 2-3　　　　Python 的常用算术运算

表 达 式	运 算 结 果	说　明
9 + 4	13	加法
9 - 4	5	减法
9 * 4	36	乘法
9 / 4	2.25	数学除法
9 // 4	2	取整除法
9 % 4	1	取余（模运算）
2**10	1024	乘方，2 的 10 次方
36**0.5	6	乘方运算的特例：平方根
7+9**0.5	10.0	乘方的优先级高
(7+9)**0.5	4.0	括号改变优先级

从浮点数转换到整数，默认转换方式是舍去小数部分，通常称为“截尾”。从统计的观点看，按“四舍五入”舍入规则得到的整数值偏大。如果银行总按四舍五入进行计算，长期累积会导致较大数

额的亏损。为了防止这种情况，人们提出了另一种更为公平的舍入式。

Python 的内置函数 round 采用的是另一种转换方式，称为“四舍六入五取偶”，也称为“银行家舍入”。这是大多数计算机硬件采用的舍入计算标准（IEEE 754 浮点数标准中的舍入计算标准）。表 2-4 展示了函数 round 和函数 int 的运算对比。

表 2-4　函数 round 和函数 int 的运算对比

四舍六入五取偶	运 算 结 果	截　尾	运 算 结 果
round(0.5)	0	int(0.5)	0
round(1.5)	2	int(1.5)	1
round(-0.5)	0	int(-0.5)	0
round(-1.5)	-2	int(-1.5)	-1

2.7 程序在线评测系统及其基本使用

程序在线评测系统（Online Judge，OJ）是基于 Web 的服务器评测系统。用户在该网站注册后，可以根据题目在线提交多种语言（C、C++、Java、Pascal、Python 等）程序源代码，系统对源代码进行编译和执行，采用黑盒测试，通过预先设置的测试数据来检验源代码的正确性。

2.7.1 程序在线评测系统

V2-4 程序在线评测系统

程序在线评测系统早先应用于 ACM 国际大学生程序设计竞赛（International Collegiate Programming Contest，ICPC）和信息学奥林匹克竞赛的自动评测与训练中，现已逐步推广到高校的高级语言程序设计、数据结构与算法分析等课程的实践教学中，并取得了较好的效果。

为了让读者更好地掌握程序设计语言，编者搭建了 C、C++、Java、Python 程序在线评测系统。该系统提供了大量适合初学者的练习题。练习题循序渐进，按照各个单元分类，约 100 题，被称为“百题大战”，已放置在配套网站的“竞赛&作业”栏目下。

2.7.2 程序在线评测系统中的求和问题

【任务】计算两个整数的和（P1326）。

输入两个整数，计算这两个整数的和。

样例输入：3　4。

样例输入：7。

“P1326”是本任务在评测系统中的题目序号。本书对来自评测系统的任务都会给出相对规范的问题说明，包括样例输入和样例输出。有的题目相对复杂，本书提供的样例输入和样例输出能帮助理解题目的含义，但样例输入和样例输出本身不应该出现在代码中。

【代码】

```
a, b = [int(s) for s in input().split()]
c = a + b
```

```
print(c)
```

上述代码虽然简单，但体现了面向过程程序的组成，包含输入、处理、输出 3 个部分。

【说明】本书配套的评测系统支持 Python 3。

2.7.3 基本输入/输出函数

函数 input 和函数 print 是 Python 3 中最常用的基本输入/输出函数。

1. 函数 input

函数 input 从控制台获得用户的一行输入，无论用户输入什么内容，该函数都返回字符串。该函数可以包含一些提示性文字，用来提示用户，使用方式如下。

```
r = float(input('请输入圆的半径'))
print(r)
```

在米筐 Notebook 中运行上面的代码，会弹出输入框，同时代码单元左侧出现星号，表示程序正在运行，如图 2-6 所示。

图 2-6 弹出输入框

由于函数 input 返回的是字符串，而实际需要的是浮点数，因此使用类型转换函数 float 把字符串转换为浮点数。另外，函数 input 的提示性文字是可选的，程序可以不设置提示性文字，直接获取输入。

【说明】Python 3 整合了函数 raw_input 和函数 input，不再使用函数 raw_input，仅保留后者（函数 input）。

如果输入多个整数，可以进行图 2-7 所示的处理。

整个处理流程步骤如下。

（1）使用函数 input 将输入数据保存为字符串。

（2）使用字符串方法 split 将字符串切分为列表，默认的切分符是空格符。

（3）在列表生成式中，使用函数 int 把字符串转换为整数。

（4）将整数列表拆分为 3 个变量。

处理流程示意图如图 2-8 所示。

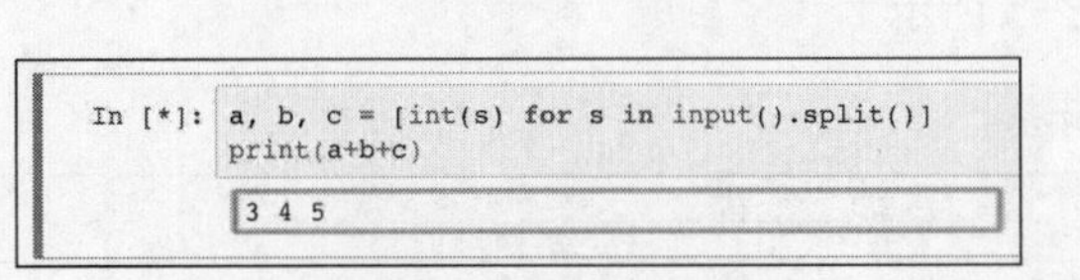

图 2-7 输入多个整数

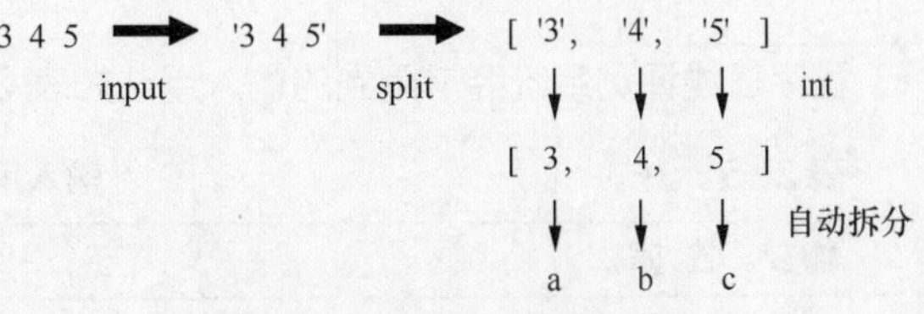

图 2-8 处理流程示意图

如果一时无法理解上述流程，也不用担心，能依照流程操作下来就可以。如需要将获取的输入数据转换为 3 个浮点数时，只需将 int 改为 float，其他不变。

也可以使用函数 eval 和函数 input 来获取用户的输入，使用方式如下。

```
x = eval(input())
```

实际上，函数 eval 被用来执行一个字符串表达式，并返回表达式的值，使用方式如下。

```
print( eval("3+4") )          # 7
x = 3
print( eval("pow(x,4)") )     # 81
```

2. 函数 print

很多情况下，程序会混合输出各种类型的变量，如输出如下内容。

```
Eric is 21 years old.
```

其中，下划线上的内容可能会变化，这就需要使用特定函数的运算结果进行填充，最终形成上述格式的字符串作为输出结果。

历史悠久、影响广泛的 C 语言对后来很多程序设计语言的设计产生了深远的影响，经典的输出函数 printf 也被移植到 PHP 和 Java 中，Python 中也有类似的实现。Python 支持两种字符串格式化方式，这里介绍类似 C 语言中函数 printf 的格式化方式。该方式与大多数 C 语言程序员的编程习惯一致，代码如下所示。

```
import math

print("PI = %.3f" %(math.pi))    # PI = 3.142
print("%s is %d years old." %('Eric', 21))
# Eric is 21 years old.
```

字符串中的%表示占位符，其具体内容由后面的表达式决定，一个或多个表达式都需要放置在一对圆括号中，如图 2-9 所示。

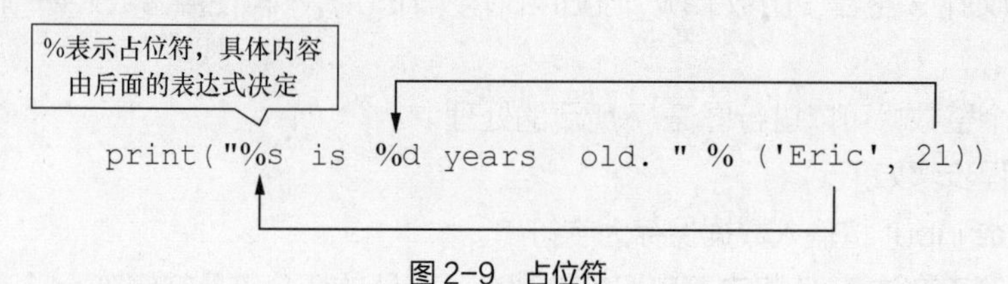

图 2-9　占位符

这里介绍 3 种常用的占位符：① %d 表示十进制整数；② %.3f 表示浮点数，保留 3 位小数，如果不写数字，则默认保留 6 位；③ %s 表示字符串。

2.7.4　在线评测系统中输入/输出的常见用法归纳

程序在线评测系统经常用到的输入用法如表 2-5 所示。

表 2-5　输入用法

输入数据	代码实现
一行	s = input()
一个整数	n = int(input())
一个浮点数	x = float(input())
两个整数	a, b = [int(s) for s in input().split()]
两个浮点数	x, y = [float(s) for s in input().split()]

【说明】函数 input 读取一行输入，返回的数据类型是字符串。在程序在线评测系统中，数字之间通常以空格符分隔。

程序在线评测系统经常用到的输出用法如表 2-6 所示。

表 2-6 输出用法

输出结果	代码实现
字符串	print(s)
一个整数	print(n)
两个整数（保留空格符）	print(a, b) #a 和 b 之间默认保留 1 个空格符
两个整数（不保留空格符）	print(a, b, sep='') #a 和 b 之间不保留空格符
两个浮点数	print('%.3f %.3f' %(x, y))
字符串列表	print(' '.join(L))
数字列表	print(' '.join([str(i) for i in L]))

【说明】

（1）输出两个整数（不保留空格符）也可以采用类似 C 语言的语句 print("%d%d" % (a,b))。

（2）语句 print(' '.join(L))输出结果中的数字有空格符。

（3）语句[str(i) for i in L]是列表生成式，把数字类型转换为字符串后再输出。

2.8 小结

- 结构化程序由输入、处理和输出组成，即 IPO。
- 变量命名除了要符合标识符的命名规则，还要避免使用 sum、max、min 等内置函数的名称。
- Python 的核心数据类型包括 3 个基本类型（整数、浮点数和字符串）以及 3 个组合类型（元组（只读列表）、列表、字典）。
- Python 以缩进方式来标识代码块，同一个代码块的语句必须保证相同的缩进空格符数。
- 理论上 Python 的整数的取值范围是无限的，实际取值范围是由可用内存决定的。
- 浮点数不能直接比较大小，C、C++、Java、Python 都是如此。如果两个浮点数差值的绝对值足够小，则可以认为这两个浮点数的值相等。
- 输入函数 input 返回的类型是字符串，可以使用类型转换函数获得相应的值。
- 程序在线评测系统提供了练习的平台，刷题是掌握程序设计核心技能的好方法。

2.9 习题

一、选择题

1. 以下选项中，不是 IPO 模式一部分的是________。

   A. Output　　B. Program　　C. Input　　D. Process

2. 关于 Python 变量，下列说法错误的是________。
   A. 变量不必事先声明但需要区分大小写　　B. 变量无须先创建和赋值，可以直接使用
   C. 变量无须指定类型　　D. 可以使用 del 关键字释放变量
3. 在一行上写多条 Python 语句使用的符号是________。
   A. 分号　　B. 冒号　　C. 逗号　　D. 点号
4. 关于 Python 注释，以下选项中描述错误的是________。
   A. 注释语句不被解释器过滤掉，也不被执行
   B. 注释可以辅助程序调试
   C. 注释用于解释代码原理或者用途
   D. 注释可用于标明作者和版权信息
5. 下列哪个语句在 Python 中是非法的？________
   A. x = y = z = 1　　B. x = (y = z + 1)　　C. x, y = y, x　　D. x += y
6. 使用一个还未被赋予对象的变量，系统发出的错误提示是________。
   A. NameError　　B. KeyError　　C. SystemError　　D. ReferenceError
7. Python 使用缩进作为语法边界，一般建议怎样使用缩进？________
   A. 1 个制表符　　B. 2 个空格符　　C. 4 个空格符　　D. 8 个空格符
8. 关于 Python 程序中与“缩进”有关的说法，以下选项中正确的是________。
   A. 缩进是非强制性的，仅为了增强代码可读性
   B. 缩进在程序中长度统一且强制使用
   C. 缩进统一为 4 个空格符
   D. 缩进可以用在任何语句后，表示语句间的包含关系
9. 在 Python 3 中，9/3.0 的运算结果是________。
   A. 3　　B. 3.0　　C. 1.0　　D. 0
10. 在 Python 3 中，代码 a = 5/3+5//3; print(a) 的输出结果是________。
   A. 2.666666666666667　　B. 5.4
   C. 14　　D. 3.333333
11. 以下代码的运算结果为________。
   a=7
   a*=7
   A. 1　　B. 14　　C. 49　　D. 7
12. 在 Python 3 中，代码 x=3.1415926; print(round(x,2) ,round(x))的输出结果是________。
   A. 2 2　　B. 3 3.14　　C. 3.14 3　　D. 6.28 3
13. 以下 Python 标识符中，命名不合法的是________。
   A. _Username　　B. 5area　　C. str1　　D. __5print
14. 在 Python 3 中，代码 print(0.1+0.2==0.3)的输出结果是________。
   A. false　　B. true　　C. False　　D. True
15. 在 Python 3 中，获取用户的输入并默认以字符串存储的函数是________。
   A. raw_input　　B. input　　C. raw　　D. print

二、程序设计题

1. 运用 Python 3 的整数除法和取余运算，编写程序，计算 1234s 相当于几分几秒，如 132s 相当于 2 分 12 秒。

2. 计算 3 个整数的和（P1387）。例如，输入 3、4、5，输出这 3 个数的和为 12。

3. 计算 3 个整数的平均值（P1084）。输入 3 个整数，输出它们的平均值，并保留 3 位小数。例如，输入 1、2、4，输出结果为 2.333。

4. 计算浮点数的绝对值（P1091）。输入一个浮点数，输出它的绝对值，保留两位小数。例如，输入−12.3456，输出结果为 12.35。

5. 计算一元二次方程的值（P1313）。根据输入，计算方程 $f(x)=2x^2+3x-4$ 的值。在本题中，采用双精度浮点数。例如，输入 2.00，输出结果为 10.000。

6. 温度转换（P1085）。1714 年，荷兰人丹尼尔·加布里埃尔·华伦海特（Daniel Gabriel Fahrenheit）创立了华氏温度。他把一定浓度的盐水凝固时的温度定为 0℉，把纯水凝固时的温度定为 32℉，把标准大气压下水沸腾的温度定为 212℉，把水凝固和沸腾的温度中间的范围分为 180 等份，每一等份代表 1℉，这就是华氏温度。摄氏温度规定：在标准大气压下，冰水混合物的温度为 0℃，纯水的沸点为 100℃，中间划分 100 等份，每等份为 1℃。输入华氏温度 f，输出对应的摄氏温度 c，保留 3 位小数。华氏温度与摄氏温度的转换公式为：$c=5\times(f-32)/9$。

7. 计算圆柱体的表面积（P1166）。圆柱体的表面积由 3 部分组成：上底面积、下底面积和侧面积。公式：表面积=底面积×2+侧面积。根据平面几何知识，底面积=$\pi\times r\times r$，侧面积=$2\times\pi\times r\times h$，$\pi$取 3.142。要求输入为底面半径 r 和高 h，输出为圆柱体的表面积，保留 3 位小数。例如，输入 3.5 和 9，输出结果为 274.925。

第 3 章

流程控制

- 程序由哪 3 种基本结构组成？
- Python 有 switch-case-break 语句吗？
- 什么是“左闭右开”原则？
- Python 如何区分语句块？
- Python 中的 for 循环有什么特点？
- 何时使用 while 循环？
- 哪两种语句可以改变循环执行流程？
- 为何要使用异常？

3.1 分支结构的 3 种形式

V3-1 分支结构的 3 种形式

顺序结构程序自上而下执行时，程序中的每一条语句都被执行一次，而且只能被执行一次，以固定的方式处理数据，完成简单的运算。然而，计算机之所以有广泛的应用，在于它不仅能简单地、按顺序地完成人们事先安排好的指令，更重要的是其具有逻辑判断能力，能够灵活处理问题。

根据不同的情况处理不同的问题，需要用到分支结构（也称为选择结构）。Python 利用 if-else 语句来处理分支结构的问题。与 C/C++、Java 不同，Python 没有 switch-case-break 语句。if-else 语句主要有 3 种基本结构，下面通过几个任务来详细了解。

3.1.1 基本结构 1：单分支结构

【任务】求两个整数中的最大值。

求两个整数中的最大值，输入的是两个整数，输出的是其中最大的整数。

样本输入：3 5

样本输出：5

本任务可以从多个角度完成，这里使用单分支结构来处理，即 if 语句的基本结构 1——单分支结构。其只有 if 语句，没有 else 语句，这是最简单的一种分支结构。

【代码】

```
a, b = [int(x) for x in input().split()]
max = a
if (b>max):
    max = b
print(max)
```

【说明】上面的代码先假定最大值是 *a*，接着比较 *b* 和 max，如果 *b*>max，则通过赋值语句将 max 的值更新为 *b* 的值。

【提示】上面代码第 3 行中的圆括号可以省略，冒号不能省略。

单分支结构的流程图如图 3-1 所示。

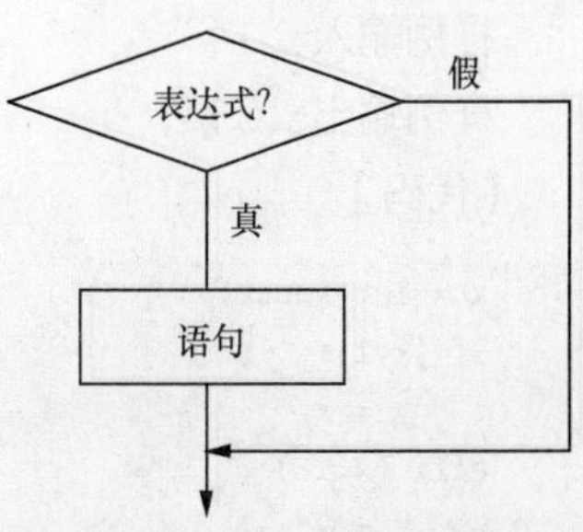

图 3-1　单分支结构的流程图

图 3-1 中的“语句”并不一定是一条语句，也可以是多条语句。通过缩进把一组声明和语句整合在一起就构成了语句块，也称为复合语句、代码块。语句块在语法上等价于单条语句。

【说明】如果程序块中只有一条语句，则可以将它写在一行，代码会显得更为紧凑，如下所示。

```
if (b>max): max = b
```

3.1.2　基本结构 2：双分支结构

求两个整数中的最大值还可以使用完整的 if-else 语句来编写，代码如下所示。

```
a, b = [int(x) for x in input().split()]
if (a>=b):
    max = a
else:
    max = b
print(max)
```

该写法的思路是 max 的可能值为 *a* 或 *b*，究竟为哪一个，由条件(a>=b)决定。条件成立，则执行 max=a，否则执行 max=b。该写法体现了 if 语句的基本结构 2——双分支结构。

第 2～5 行代码可以简写为一行，如下所示。

```
max = a if (a>b) else b
```

双分支结构可以使用图 3-2 所示的流程图来表示。

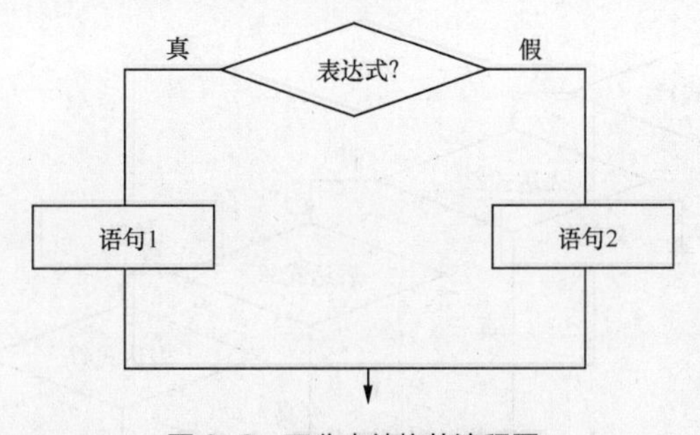

图 3-2　双分支结构的流程图

3.1.3　基本结构 3：多分支结构

【任务】简单分段函数的求值（P1007）。

有一个分段函数，如下所示。

$$y=\begin{cases}x, & x<1\\ 2x-1, & 1\leqslant x<10\\ 3x-11, & x\geqslant 10\end{cases}$$

编写程序，输入 *x*，函数计算后，输出 *y*。输入值和输出值都是整数。

样例输入：14

样例输出：31

【代码】

```
x = int(input())
if (x<1):
    y = x
elif (x<10):
    y = 2*x-1
else:
    y = 3*x-11
print(y)
```

【说明】在多分支结构中，除了 if 和 else 外，还出现了 elif。elif 用于处理多个分支的情况。仔细观察可知，多分支结构即在双分支结构中插入 elif 语句。

更多分支的代码框架如下所示。

```
if 表达式:
    语句
elif 表达式:
    语句
elif 表达式:
    语句
elif 表达式:
    语句
else:
    语句
```

多分支结构的流程图如图 3-3 所示。

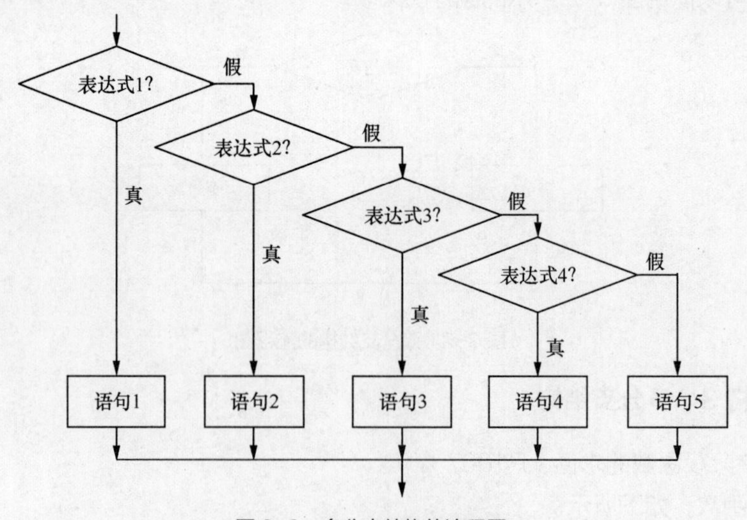

图 3-3　多分支结构的流程图

本任务也可以使用单分支结构的 if 语句，代码如下所示。

```
x = int(input())
```

```
if (x<1): y = x
if (x>=1 and x<10): y = 2*x-1
if (x>=10): y = 3*x-11
print(y)
```

采用单分支结构的 if 语句来处理多分支结构的问题时，应特别注意各个 if 语句的表达式要互斥，确保在任何情况下，只执行其中的一个语句。

3.2 for 循环

Python 提供了各种控制结构，允许设置更复杂的执行路径。循环语句允许多次执行一个语句或语句块。Python 提供了 for 循环和 while 循环，没有提供 do-while 循环。

3.2.1 遍历容器

for 循环最常见的用途就是遍历容器，包括列表、元组、集合、字典等，字符串也可以被认为是包含单个字符的容器。列表、元组中的元素是有序的，集合、字典中的元素是无序的。

下面通过两个任务展示 for 循环的使用。

【任务 1】遍历字符串组成的列表。

列表为['banana', 'apple', 'mango']。

【代码】

```
fruits = ['banana', 'apple', 'mango']
for fruit in fruits:
    print(fruit, end=' ')

# banana apple mango
```

【任务 2】统计字符串中字母的数量。

字符串为"Python, PHP and Perl"，字母包括 a～z、A～Z。

【代码】

```
text = "Python, PHP and Perl"
tot = 0                         # 初始化计数器
for ch in text:
    if ch.isalpha():            # 字符 ch 是不是字母
        tot += 1
print(tot)                      # 16
```

3.2.2 range 函数

Python 中的 for 循环常常与 range 函数联系在一起。range 函数用于生成整数序列，如生成 10 以内的奇数，可以写成 range(1,10,2)。

V3-2 for 循环和 range 函数

在 Python 2 中，range 函数返回的是一个列表；在 Python 3 中，range 函数返回的是 range 对象，读者无法直接看到结果，但可通过将 range 对象转换为列表来查看。例如：

```
list(range(1,10,2))  # [1, 3, 5, 7, 9]
list(range(0,10,2))  # [0, 2, 4, 6, 8]
```

range 函数的原型如下所示。该函数返回的是 range 对象（range object），并不是列表。

```
range(stop) -> range object
range(start, stop[, step]) -> range object
```

上面代码采用第 2 种形式（带 3 个参数），第 1 个参数代表初始值，第 2 个参数代表终止值，第 3 个参数代表步长。采用的是“左闭右开”的形式，即包括 start，但不包括 stop。这样设计的原因是在 C 语言和受 C 语言影响的很多程序设计语言（如 C++、Java、PHP 等）中，数组的索引是从 0 开始的，数组 a 的前 10 个数是 a[0] ~a[9]，而不是 a[1]~a[10]。

当序列只有 1 个参数时，表示初始值为 0，步长为 1，如 range(10)生成的序列是从 0 开始，小于 10 的整数，也就是 0~9。

常用序列的表示如表 3-1 所示。

表 3-1　　常用序列的表示

序　列	Python	C/C++/Java
[0,1,2,…,9]	range(10)	for (i=0; i<=9; i++)
[0,1,2,…,*n*-1]	range(n)	for (i=0; i<n ; i++)
[*n*-1, …,1,0]	range(n-1, -1, -1)	for (i=n-1; i>=0; i--)
[1,2,…,*n*]	range(1, n+1, 1)	for (i=1; i<=n; i++)
[1,2,3,4,…]	import itertools for i in itertools.count(1):	for (i=1;　　; i++)
小于 *n* 的奇数	range(1, n, 2)	for (i=1; i<n ; i=i+2)
所有奇数	import itertools for i in itertools.count(1,2):	for (i=1;　　; i=i+2)

【说明】[1,2,3,4,…]表示所有正整数，使用 itertools 库中的 count 函数实现。

3.2.3 最简单的循环

计算机最擅长做重复性工作，也就是说可以很容易利用程序来实现重复的功能。重复性工作在 Python 中是使用循环结构来实现的。

【任务】小明被罚抄 100 遍的问题（P1353）。

小明上课不认真听讲，在课堂上玩起了手机游戏。老师发现后，要求他抄写“study well and make progress every day”100 遍。小明灵机一动，问：“老师，可不可以用计算机来写？”老师答应了小明的请求。小明利用程序设计课上学过的内容，很快就写出了 100 行的“study well and make progress every day”。

以上是使用 for 循环最简单的场景之一。

【代码】

```
for i in range(0, 100):
    print("study well and make progress every day")
```

之所以说这是最简单的循环应用场景之一，是因为在循环体内并没有出现循环变量 *i*，*i* 只是简单地从 0 递增到 99，起到了计数的作用。计算机共重复执行了 100 次循环体。在这种情况下，建议将变量 *i* 的名称替换为下划线，如下所示。

```
for _ in range(100):
    print("study well and make progress every day")
```

循环变量的名称使用单下划线后，变量就变得很不显眼，目的是提醒代码阅读者，该变量在循环体中并没有被使用，仅仅起到重复执行循环体的作用。采用单下划线作为变量名的方法在 Python 和 Swift 中都得到了普遍应用。

【提示】学习字符串后，利用字符串和“*”运算符，可以将代码写得更简洁，代码如下所示。

```
print("study well and make progress every day\n"*100)
```

3.2.4 计算 1~100 之和

【任务】输出 1+2+…+100 的结果。

该任务有很多种解法，这里采用累加的方式，累加 3 个数的示意图如图 3-4 所示。

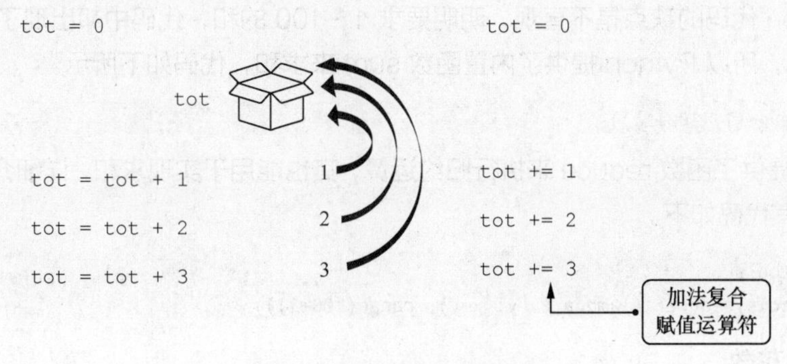

图 3-4 累加 3 个数的示意图

【提示】这里变量名没有使用 sum，是由于在 Python 中 sum、max、min 等为内置函数名，因此不建议作为变量名使用。

先将问题简化，输出 1+2+3+4+5 的值，代码如下。

```
tot = 0
tot = tot + 1
tot = tot + 2
tot = tot + 3
tot = tot + 4
tot = tot + 5
print(tot)     # 15
```

如果按照以上模式去计算 1~100 的和，代码会变得无比烦琐。分析上面的代码，发现其可以归纳为两个动作：将 tot 初始化为 0；将第 2~6 行代码抽象为 tot = tot + i，i 遍历了 [1,2,3,4,5]。

如图 3-5 所示，把 i 遍历 1～100 写为 for i in range(1, 101):。

```
tot=0                  tot = 0                          tot = 0
tot=tot+1      ⇨      tot = tot +i  i[1,2,…,100]  ⇨   for i in range(1,101):
tot=tot+2                                                   tot += i
…
tot=tot+100
```

图 3-5　i 遍历 1～100

【代码】

```
tot = 0
for i in range(1, 6):
    tot = tot + i
print(tot)  # 15
```

如果使用加法复合赋值运算符求 1～100 内自然数之和，则 Python 代码如下所示。

```
tot = 0
for i in range(1, 101):
    tot  += i
print(tot)  # 5050
```

上述 Python 代码的缺点是不直观，明明要求 1～100 的和，代码中却出现了数字 101。由于求和运算很常用，所以 Python 提供了内置函数 sum 来求和，代码如下所示。

```
print(sum(range(1, 100+1)))
```

Python 还提供了函数 reduce 来执行归约运算，其也能用于实现求和，详细介绍见 6.5 节“常用高阶函数”，其代码如下。

```
import functools
print(functools.reduce( (lambda x, y: x+y), range(100+1)))
```

3.2.5　求水仙花数

V3-3　求水仙花数

【任务】求水仙花数（P1016）。

水仙花数是指一个三位数，其各位数字的立方和等于该数本身。例如，153 是水仙花数，因为 $1^3+5^3+3^3=1+125+27=153$。水仙花数共有 4 个，编写程序，输出这 4 个水仙花数。

【方法】设三位数为变量 *i*，将这个三位数的百位数、十位数和个位数分别保存在变量 *a*、*b*、*c* 中，再判断 *a*a*a+b*b*b+c*c*c* 是否等于 *i*，让 *i* 遍历整个三位数区间 100～999，就能找出所有水仙花数。这种方法称为穷举法。

【代码】

```
for i in range(100,1000):
    a = i//100
    b = i//10%10
    c = i%10
    if (i==a*a*a+b*b*b+c*c*c):
        print(i)
```

【说明】

（1）Python 3 使用“//”表示取整除法，两个整数相除的结果是整数。

（2）分支语句也可以写为 i==a**3+b**3+c**3。

（3）特别要注意缩进。

3.2.6 多重循环：九九乘法表和水仙花数

本小节通过九九乘法表和水仙花数两个任务来介绍多重循环的使用。

1. 九九乘法表

【任务】输出九九乘法表，显示如下。

```
1x1= 1
1x2= 2 2x2= 4
1x3= 3 2x3= 6 3x3= 9
1x4= 4 2x4= 8 3x4=12 4x4=16
1x5= 5 2x5=10 3x5=15 4x5=20 5x5=25
1x6= 6 2x6=12 3x6=18 4x6=24 5x6=30 6x6=36
1x7= 7 2x7=14 3x7=21 4x7=28 5x7=35 6x7=42 7x7=49
1x8= 8 2x8=16 3x8=24 4x8=32 5x8=40 6x8=48 7x8=56 8x8=64
1x9= 9 2x9=18 3x9=27 4x9=36 5x9=45 6x9=54 7x9=63 8x9=72 9x9=81
```

【方法】先解决简单问题，如输出某一行。这里先考虑输出第 5 行，结果如下所示。

```
1x5= 5 2x5=10 3x5=15 4x5=20 5x5=25
```

代码应该很容易写出，如下所示。

```
i = 5
for j in range(1, i+1):
    print("%dx%d=%2d " % (j, i, j*i), end='')
print("")
```

函数 print 默认在输出的内容后添加换行符，如果不希望换行，则将参数 end 赋值为空串。

【代码】

```
for i in range(1, 10):
    for j in range(1, i+1):
        print("%dx%d=%2d " % (j, i, j*i), end='')
    print()
```

2. 水仙花数

【任务】求水仙花数。

【方法】前面的程序是从分拆三位数的各位数的角度来求出水仙花数的，还可以从组合各位数为三位数的角度来求水仙花数。

【代码】

```
for a in range(1, 10):
    for b in range(0, 10):
        for c in range(0, 10):
            i = 100*a+10*b+c
```

```
        if (i==a*a*a+b*b*b+c*c*c):
            print(i)
```

3.3 罗塞塔石碑语言学习法

V3-4 罗塞塔石碑语言学习法

罗塞塔石碑（Rosetta Stone）是一块制作于公元前 196 年的玄武岩石碑，其上刻有古埃及法老托勒密五世登基的诏书，如图 3-6 所示。由于这块石碑同时刻有同一段内容的 3 种不同语言版本，因此近代的考古学家有机会对照各语言版本的内容，解读出已经失传千余年的埃及象形文的意义与结构。它成为今日研究古埃及历史的重要资料。

探索罗塞塔石碑上的语言奥秘给了人们学习语言的启示，就是依托原有的语言基础去学习新的语言，这样能大大提高学习效率。从本质上来说，这种方法结合了对比法和任务法的优点。

在互联网上，有一个根据这一启示而创建的特色网站。该网站的特点是对于同一个任务，使用尽可能多的程序设计语言去完成，从而展示各种语言之间的相同点和不同点。截止到 2020 年 3 月底，该网站有 1016 个任务，涉及 773 种程序设计语言。由于语言有特定的应用领域，因此不是每个任务都能用所有的程序设计语言来完成。

图 3-6 罗塞塔石碑

下面对计算 1～100 之和的问题分别展示了用 C 语言、Java、PHP、Python、Swift 等程序设计语言的具体实现。

【C 语言代码】

```
#include <stdio.h>
int main(int argc, char *argv[])
{
    int i, sum = 0;
    for (i=1; i<=100; i=i+1)
        sum = sum + i;
    printf("%d\n", sum);
    return 0;
}
```

【说明】C 语言是最早获得大规模应用的主流编程语言，它启发了 Java、PHP、C#、Python 等众多语言的设计。

【Java 代码】

```
class Main
{
    public static void main(String[] args)
    {
        int i, sum = 0;
        for (i=1; i<=100; i++)
            sum = sum + i;
        System.out.printf("%d\n", sum);
    }
}
```

【说明】Java 与 C 语言非常类似。

【PHP 代码】

```
<?php
    $sum =0;
    for ($i=1; $i<=100; $i=$i+1)
        $sum = $sum + $i;
    printf("%d", $sum);
?>
```

【说明】除变量名称前面多了符号“$”，其他部分与 C 语言代码类似。

使用 PHP 中的增强型循环 foreach 的代码如下所示。

```
<?php
    $sum =0;
    foreach (range(1,100) as $i)
        $sum = $sum + $i;
    printf("%d", $sum);
?>
```

【说明】PHP 的函数 range 与 Python 的函数 range 略有区别。

【Python 代码】

```
sum = 0
for i in range(1, 101):
    sum = sum + i
print(sum)
```

【说明】应特别注意，Python 的函数 range 是左闭右开的。

【Swift 代码】

```
var sum = 0
for i in 1...100
{
    sum = sum + i
}
print(sum)
```

【说明】1...100 是闭区间，1...100 与 Python 的函数 range 类似，是左闭右开的。

在学习一门新的程序设计语言时，建议将该语言与已经掌握的语言做对比，这样学习起来会更快速、有效。如果在学习和工作中需要用到多门语言，在编写代码时应尽量利用各门语言的共性。

V3-5 while 循环和流程图

3.4 while 循环和流程图

Python 提供了 while 循环。while 循环是基于条件判断的循环，适用于解决非序列问题，这类问题适合用流程图来表示。

【任务】$3n+1$ 问题（P1103）。

对于任意大于 1 的自然数，若 n 为奇数，则将 n 变为 $3n+1$，否则将 n 缩小一半。经过若干次这样的变换，一定会使 n 变为 1。例如，3→10→5→16→8→4→2→1。

3n+1 问题可以使用流程图来表示，然后将流程图改写为 while 循环，如图 3-7 所示。

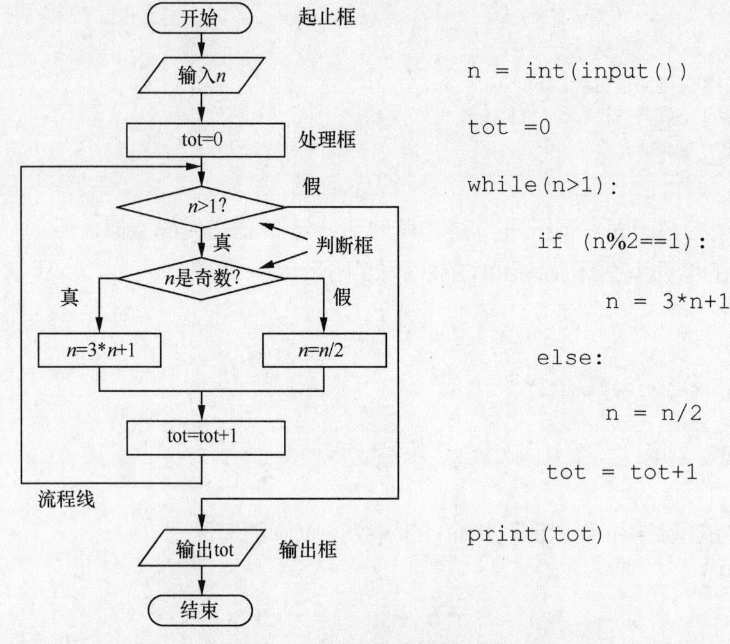

图 3-7　3n+1 问题的流程图和代码

以上代码中变量 tot 是 total 的缩写，它所起的作用是计数，使用前一定要将其初始化为 0。当 n 不为 1 时，根据 n 的奇偶性变换，每变换一次，计数器递增 1。表达式 n%2==1 被用来判断 n 是否为奇数，判断奇偶性也是取余运算的常见应用。

使用 while 循环计算 1~100 之和，代码如下所示。

```
tot = 0
i = 1
while i<101:
    tot += i
    i = i + 1
print(tot)  # 5050
```

再回顾 for 循环的代码，如下所示。

```
for i in range(1, 101):
    tot  += i
```

与 for 循环相比，可以发现在 while 循环中，序列的初始化、比较、递增分布在 3 个位置，代码不够简洁，也不容易理解，所以不推荐使用 while 循环进行序列计算。

【说明】解决能表达为序列的问题时使用 for 循环，除此以外，用 while 循环。

3.5 改变循环执行流程：break 和 continue

在 Python 中，使用关键字 break 跳出整个循环，使用关键字 continue 跳出本次循环。

【示例 1】使用 break 跳出整个 for 循环。

V3-6　改变循环执行流程：break 和 continue

```
for x in range(10):
    if x==5:
        break
    print(x, end=' ')
# 0 1 2 3 4
```

以上代码使用了 break 语句，执行到 x==5 时就跳出整个 for 循环，因此函数 print 只输出 0～4 就终止了。函数 print 默认在字符串后输出换行符，这里通过设置参数 end 为空格符来输出空格符而不是换行符。

【示例 2】使用 break 跳出整个 while 循环。

```
while True:
    s = input('type something:')
    if s=='quit':
        break
    else:
        pass
    print('still in loop')
print ('End.')
```

以上代码循环执行，直到用户输入字符串“quit”才结束，执行过程如图 3-8 所示。

```
type something:Python
still in loop
type something:Programming
still in loop

type something: quit
```

图 3-8　执行过程

【示例 3】使用 continue 跳出本次循环。

```
for x in range(10):
    if x==5:
        continue
    print(x, end=' ')

# 0 1 2 3 4 6 7 8 9
```

在以上代码中，当 x==5 时，使用 continue 语句提前结束本次循环，直接进入下一次循环，因此函数 print 没有输出 5。

使用 continue 能够减少一层 if-else 的嵌套。continue 在程序中的使用频率远远不如 break，有些编程语言甚至没有这个关键字。上述代码也可以进行如下改写。

```
for x in range(10):
    if (x!=5):
        print(x, end=' ')
```

3.6 程序的异常处理

编译时发生的非正常事件为错误，执行时发生的非正常事件为异常。异常的产生可能是程序本身的设计问题，也可能是外部的原因，如网络中断无法打开网页。若不处理异常，程序会中断执行，并给出原因说明。

```
a =1/0
Traceback (most recent call last):
  File "<stdin>", line 1, in <module>
ZeroDivisionError: division by zero
```

上述代码尝试为变量 *a* 赋初值，由于除数的值为 0，导致了异常 ZeroDivisionError。程序中一旦产生了异常，代码就无法继续向下执行，从而导致程序崩溃，造成较差的用户体验，因而异常的处理非常重要。

异常的处理主要分为两大类：一类是捕获异常；另一类是抛出异常。

3.6.1 捕获异常

Python 使用 try-except 语句处理异常，try 语句块中存放可能出错的代码，except 语句用来捕获异常信息并处理。在 C++和 Java 中，使用 try-catch 语句来处理异常。

```
try:
    a=1/0
    print('我可以执行到吗')
except ZeroDivisionError as error:
    print(error)
```

执行上面这段代码，可以看到输出了异常信息“division by zero”，而“我可以执行到吗”并不会输出。try-except 语句在上述代码中的执行流程如下。

（1）执行 try 语句块中的代码 a=1/0。

（2）发生异常，忽略 try 语句块中的剩余语句 print('我可以执行到吗')。

（3）判断异常是否为 ZeroDivisionError 异常。若是，执行语句 print(error)，否则将异常交给上一级代码处理；若上一级代码没有处理异常，则程序崩溃。

ZeroDivisionError 是常见的异常之一，表示除数为 0 时发生的异常。Python 中的常见异常如表 3-2 所示。

表 3-2　　Python 中的常见异常

异常名称	描述	异常名称	描述
Exception	常规异常的基类	NameError	未声明/初始化对象
ArithmeticError	数值计算异常的基类	UnboundLocalError	访问未初始化的变量
ZeroDivisionError	除(或取模)零错误	SyntaxError	Python 语法异常
AttributeError	对象没有这个属性	IndentationError	缩进异常
IOError	输入/输出操作失败	TabError	制表符和空格符混用
IndexError	序列中没有此索引	TypeError	对类型无效的操作
KeyError	映射中没有这个键	—	—

一个 try 语句后面可以接多个 except 语句，用于捕获多个异常，如下所示。

```
try:
    语句块 1
except 异常 1:
    语句块 2
except 异常 2:
    语句块 3
…
except 异常 n:
    语句块 n+1
else:
    没有异常语句
```

上述代码执行流程如下。

（1）运行 try 中的语句块 1，查看是否产生异常；若无异常，执行 else 语句块“没有异常语句”。else 语句块可以省略。

（2）若语句块 1 产生异常，查看异常类型是否为异常 1 类型；若为异常 1，则执行语句块 2，异常处理结束。

（3）若异常类型不为异常 1 类型，则判断异常类型是否为异常 2 类型；若为异常 2，则执行语句块 3，异常处理结束，否则继续向下判断异常类型，依此类推。

（4）若语句块 1 产生的异常不属于异常 1 到异常 *n* 类型，则将异常交给上一级代码处理；若上一级代码没有处理，则程序崩溃。

上述多个异常也可以用元组组织起来，如下所示。

```
try:
    语句块 1
except (异常 1, 异常 2, …, 异常 n) as error:
    print(error)
```

try-except-finally 语句表示无论 try 语句是否产生异常，都必须执行 finally 语句。例如，文件打开后要及时关闭，如下所示。

```
try:
    f=open(r'c:/study/a.txt')
    s=f.read()
except IOError as error:
    print(error)
finally:
    f.close()
```

上述代码可以用 with-as 语句优化，如下所示。

```
with open(r'c:/study/a.txt') as f:
    s= f.read()
```

3.6.2 抛出异常

当程序出现错误时，Python 会自动引发异常，也可以通过 raise 语句显式引发异常，如下所示。一旦执行了 raise 语句，则 raise 语句后面的语句将不能执行。

```
a=int(input())
```

```
b=int(input())
if b==0 :
    raise Exception('除数不能为0')
else :
    c=a/b
    print(c)
```

若除数不为 0，则执行程序后输出 *c* 的值，否则输出如下异常信息。

```
Traceback (most recent call last):
  File "test1.py", line 5, in <module>
    raise Exception('除数不能为0')
Exception: 除数不能为0
```

3.7 小结

- 分支结构有 3 种基本形式，Python 没有 switch-case-break 语句。
- for 循环用于遍历序列，range 函数可生成指定区间的序列。
- 罗塞塔石碑语言学习法结合了任务驱动和对比学习的长处，提高了学习编程语言的效率。
- 解决能表达为序列的问题时使用 for 循环，除此以外，使用 while 循环。
- break 跳出整个循环，continue 跳出本次循环。
- Python 使用 try-except-finally 语句来处理异常。

3.8 习题

一、选择题

1. 下列代码的执行结果是________。

```
num = 5
if num > 4:
   print('num greater than 4')
else:
   print('num less than 4')
```

A. num greater than 4　　B. num less than 4
C. True　　D. False

2. 在 Python 中实现多分支的最佳结构是________。

A. if-elif-else　　B. if　　C. while　　D. if-else

3. 表达式 sum(range(5))的值为________。

A. 9　　B. 10　　C. 11　　D. 12

4. 执行 arr=list(range(0,6,3))后，arr 的值为________。

A. [0,3,6]　　B. [0,3]　　C. [0,1,2,3]　　D. [3,4,5]

5. 以下选项中能够实现 Python 循环结构的是________。

A. loop　　B. do-while　　C. while　　D. if

6. 下面代码的输出结果是_______。

```
for i in "Python":
    print(i, end=" ")
```

A. Python
B. P y t h o n
C. P,y,t,h,o,n,
D. P　　y　　t　　h　　o　　n

7. 以下选项中可以用于测试一个对象是否是一个可迭代对象的是_______。

A. in　　B. type　　C. for　　D. while

8. 下面代码执行时，从键盘获得"a,b,c,d"，则代码的输出结果是_______。

```
a = input("").split(",")
x = 0
while x < len(a):
    print(a[x], end="")
    x += 1
```

A. 执行代码出错　　B. abcd　　C. a,b,c,d　　D. 无输出

9. 关于 Python 循环结构，以下选项中描述错误的是_______。

A. 每个 continue 语句只能跳出当前层次的循环
B. break 用于跳出最内层 for 或者 while 循环，脱离该循环后，程序继续执行后续循环代码
C. 遍历循环中的遍历结构可以是字符串、文件、组合数据类型和 range 函数等
D. Python 通过 for、while 等关键字提供遍历循环和无限循环结构

10. 下面代码的输出结果是_______。

```
for s in "Hello,World":
    if s==",": break
    print(s, end="")
```

A. HelloWorld　　B. Hello
C. World　　D. Hello,World

11. 关于程序的异常处理，下面选项中描述错误的是_______。

A. 程序异常发生后，经过妥善处理，程序可以继续执行
B. Python 通过 try-except 等语句提供异常处理功能
C. 异常处理语句可以与 else 和 finally 关键字配合使用
D. 编程语言中的异常和错误是完全相同的概念

12. 下列 Python 关键字中，用于异常处理结构中捕获特定类型异常的是_______。

A. while　　B. except　　C. pass　　D. def

二、程序设计题

1. 分段函数(P1055)。有如下函数，输入 x（浮点数），输出 y（保留 2 位小数）。如输入 2.00，输出为 3.00。

$$y=\begin{cases} x & x<1 \\ 2x-1 & 1\leqslant x<10 \\ 3x-11 & x\geqslant 10 \end{cases}$$

2. 判断输入的整数是否是 6 的倍数（P1330）。若是，显示“Right!”“Great!”，否则显示“Wrong!”“Sorry!”。

3. 成绩转换：百分制转换为等级（P1008）。给出一个百分制成绩，要求输出成绩等级。90 分以上等级为 A，80～89 分等级为 B，70～79 分等级为 C，60～69 分等级为 D，60 分以下等级为 E。

4. 判断能否构成直角三角形（P1231）。输入三角形三边长度值（均为正整数），判断它们是否能构成直角三角形。如果能，则输出“yes”；如果不能，则输出“no”。

5. 计算学分绩点（P1099）。学分绩点的计算规则如下：成绩为 100 分，绩点为 5；90～99 分之间，绩点为 4；80～89 分之间，绩点为 3；70～79 分之间，绩点为 2；60～69 分之间，绩点为 1；0～59 分之间，绩点为 0。

6. 四区间分段函数的计算（P1065）。函数说明如下所示，输出保留两位小数。

$$f(x)=\begin{cases} |x| & x<0 \\ (x+1)^{1/2} & 0\leqslant x<2 \\ (x+2)^5 & 2\leqslant x<4 \\ 2x+5 & x\geqslant 4 \end{cases}$$

7. 判断某人的体重（P1332）。输入是浮点数，表示某人的体重。若所输入的体重大于 0kg 且小于 200kg，再判断该体重是否在 50kg～55kg 之间，若在此范围内，显示“Yes”，否则显示“No”；若所输入的体重不大于 0kg 或不小于 200kg，则显示“Data over!”。

8. 求 1～n 之间所有奇数的和（P1307），n 由键盘输入。例如，1～8 的所有奇数为 1、3、5、7，这些数的和是 16。

9. 求自然数 m 和 n 之间所有能被 3 整除的数之和（P1308）。例如，m=20，n=30，这两个数之间所有能被 3 整除的数为 21、24、27、30，这些数的和为 102。

10. 计算等差数列前 n 项的和（P1057），等差数列为 2，5，8，11，…。n 由键盘输入。例如，当 n 为 3 时，前 3 项为 2、5、8，应该输出 15。

11. 求 1～n 的平方和（P1105），也就是 $1^2+2^2+3^2+\cdots+n^2$ 的值，n 由键盘输入，不超过 100。例如，当 n=3 时，结果是 14。

12. 求 1～n 的立方和（P1160），也就是 $1^3+2^3+3^3+\ldots+n^3$ 的值，n 由键盘输入，不超过 100。例如，当 n=3 时，结果是 36。

13. 求出所有独特平方数（P1364）。3025 这个数具有一种独特的性质：将它平分为二段，相加后求平方，即 $(30+25)^2=55^2=3025$，所得值恰好为 3025 本身。求出具有这样性质的全部 4 位数。

14. 求二元一次方程 $2x+5y=100$ 的所有正整数解（P1159）。通常二元一次方程有无穷多个解，但在限定了条件后，如本题中限定了 x 和 y 必须是正整数，则解的个数就是有限的。输出该方程的所有解，每行输出一组解，两个解之间以空格符来分隔。

第 4 章

字符串

- Python 中有单字符吗?
- 什么是转义字符? 有哪些常见的转义字符?
- 何时需要使用 raw 字符串?
- 切片仅限于字符串吗?
- 如何区分切片和扩展切片?
- 如何合并列表中的多个字符串?
- 字符串的两种主要格式化方式各有什么特点?

4.1 字符串的基础知识

字符串是由零个或多个字符组成的有限序列，用于表示文本。字符是一个符号，如字母（A~Z）、数字（0~9）、特殊符号（~、!、@、#、¥、%）等。与 C/C++、Java 等程序设计语言不同，Python 没有字符类型。单字符在 Python 中被认为是只包含一个字符的字符串。

4.1.1 字符串界定符：单引号、双引号和三重引号

创建字符串有两种方式：一种是使用引号（单引号、双引号和三重引号），如下所示；另一种是使用类型转换函数 str。

```
s = 'Python'
print(s)            # Python
print(type(s))      # <class 'str'>
pwd = str(123456)
print(pwd)          # 123456
```

双引号的作用和单引号是完全一致的。在本书中，通常使用单引号。如果要表示的字符串中包含了单引号，则用双引号；反之亦然。

```
print("I'm Eric.")
# I'm Eric.
print('Francis Bacon said: “knowledge is power”.')
# Francis Bacon said: “knowledge is power”.
```

如果要表示的字符串既包含单引号，也包含双引号，或者字符串很长，此时可以使用三重引号。

4.1.2 使用反斜杠转义

【示例】字符串中的转义字符。

```
print('Hello\nPython')
print('Python\tJava\tC++')
```

以上代码的输出如下所示。

```
Hello
Python
Python  Java    C++
```

以上代码中的\n 和\t 被称为转义字符，前者表示换行符，后者表示制表符。

编程语言拥有转义字符主要有两个原因：使用转义字符来表示 ASCII 中的控制字符、回车符、换行符等字符，这些字符都没有现成的文字代号；某些特定的字符在编程语言中被定义为有特殊用途的字符，在键盘上找不到相应的按键。

常用的转义字符还有\\、\'、\"，分别表示反斜杠、单引号和双引号。转义字符\n 表示换行符，在 ASCII 表中的值为 10（十进制）。由于转义字符表示的是一个字符，因此长度为 1，下面的代码说明了这一点。

```
s = '\n'
print(len(s))    # 1  函数 len 返回字符串的长度
print(ord(s))    # 10 函数 ord 返回对应的 ASCII 数值，或 Unicode 数值
```

4.1.3　使用 raw 字符串抑制转义

转义字符有时会带来一些麻烦。如图 4-1 所示，Python 新手有时会尝试这样打开文件。

```
file = open('c:\new\text.dat', 'w')
```

转义字符

图 4-1　转义字符\n 和\t

以上文件名包含了两个转义字符\n 和\t，使得系统获得的文件名和期望的不一致。编写代码来测试解释器对于上述文件名的理解，代码如下所示。

```
s = 'c:\new\text.dat'
print(s)
```

以上代码的输出如下所示。

```
c:
ew  ext.dat
```

此时有两种方法可以解决问题：使用两个反斜杠；使用 raw 字符串。代码如下所示。

```
s1 = 'c:\\new\\text.dat'
print(s1)   # c:\new\text.dat

s2 = r'c:\new\text.dat'  # 使用 raw 字符串抑制转义
print(s2)   # c:\new\text.dat
```

如果字母 r 出现在字符串的第一个引号前面，则表示关闭转义机制，Python 会将反斜杠作为常量来保持。除了表示 Windows 的文件路径外，raw 字符串在正则表达式中也很常见。

4.2 序列的索引和切片 ★

V4-1 序列的索引和切片

字符串、元组及列表都是序列。下面主要以字符串为例来展示序列的索引和切片的使用。

4.2.1 序列的索引

获取序列中某个元素的过程称为索引。就字符串而言，索引用于检索字符串中的某个字符。下面的代码展示了字符串索引的使用。

```
s = 'Hello,Python'
print(len(s)) # 字符串的长度为 12
print(s[0])   # H
print(s[1])   # e
print(s[6])   # P
print(s[11])  # n
print(s[-1])  # n 字符串长度 + （-1） = 11
print(s[-2])  # o
```

与 C 语言一样，Python 的偏移量是从 0 开始的。但与 C 语言不同的是，Python 还支持使用负偏移的方法从序列中获取元素。负偏移是指从结尾反向计数，s[-1]表示字符串的倒数第 1 个字符。负偏移值与字符串的长度相加后得到正的偏移值。

Python 3 的字符串以 Unicode 编码，对中文的支持性很好，能确保正常使用索引，如下所示。

```
sc = '中国人'
print(sc[0])   # 中
print(sc[1])   # 国
print(sc[-1])  # 人
```

4.2.2 序列的切片

检索序列内某个子区域的过程称为切片（Slice）。索引值可理解为“刀切下”的位置，如图 4-2 所示。

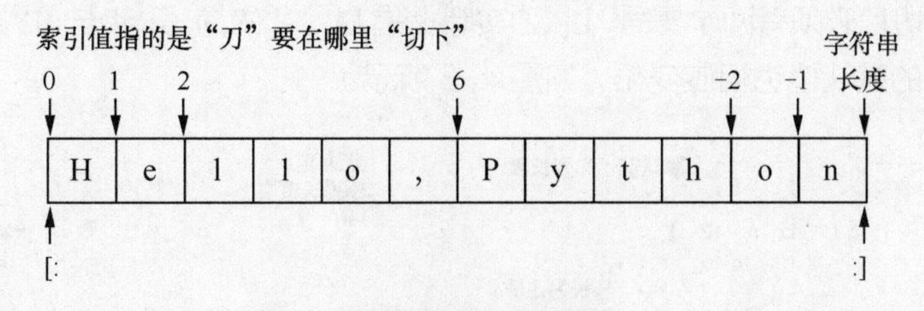

图 4-2 序列切片中的索引值

切片的使用很简单，最多“两刀”就能切出想要的字符串，如下所示。

```
s = 'Hello,Python'
print(s[2:6])   # llo,
print(s[0:5])   # Hello
print(s[ :5])   # Hello   省略第 1 个索引值，默认为 0
```

```
print(s[6:12])  # Python
print(s[6:  ])  # Python  省略第 2 个索引值，默认为字符串的长度
print(s[ :  ])  # Hello,Python 整个字符串
```

如果不是取中间部分，则切一刀（提供一个索引值）就行，如从开头到中间或从中间至结尾。如果两个索引值都被省略，则相当于引用整个字符串。

序列最常用的场景如下所示。

```
L = [1, 2, 3, 4, 5, 6, 7, 8, 9]
a, b, c = L[:3]   # a = 1 b = 2 c = 3
x, y, z = L[-3:]  # x = 7 y = 8 z = 9
```

上述代码将列表的前 3 个值保存到变量 *a*、*b*、*c* 中，把后 3 个值保存到变量 *x*、*y*、*z* 中。

如果要求获取后 3 个值，则代码如下所示。

```
L = [1, 2, 3, 4, 5, 6, 7, 8, 9]
L[-3:][::-1]         # [9, 8, 7]
```

其中，L[-3:]用来获取[7, 8, 9]，[::-1]表示列表的反转，这样就得到[9, 8, 7]。列表的反转见 4.2.3 小节“序列的扩展切片”。

V4-2 序列的扩展切片

4.2.3 序列的扩展切片

从 Python 2.3 开始，切片表达式增加了第 3 个参数：步长。字符串很少使用这种方式，下面以列表为例，展示其用法，代码如下所示。

```
L = [1, 2, 3, 4, 5, 6, 7, 8, 9]
n = len(L)

print(L[0:n:2])       # [1, 3, 5, 7, 9]  从索引 0 开始等距选择
print(L[ :n:2])       # [1, 3, 5, 7, 9]  省略第 1 个参数
print(L[ : :2])       # [1, 3, 5, 7, 9]  省略前 2 个参数
print(L[::2])         # [1, 3, 5, 7, 9]  常用写法

print(L[1::2])        # [2, 4, 6, 8]     从索引 1 开始等距选择
print(L[:-2:2])       # [1, 3, 5, 7]     从索引 0 至倒数第 2 个索引的等距选择
```

序列的扩展切片必须有两个冒号，L[::2]实际上是 L[: :2]的简写。步长可为负值，表示反向选择，此时前 2 个参数的默认值也相应变化，如图 4-3 所示。

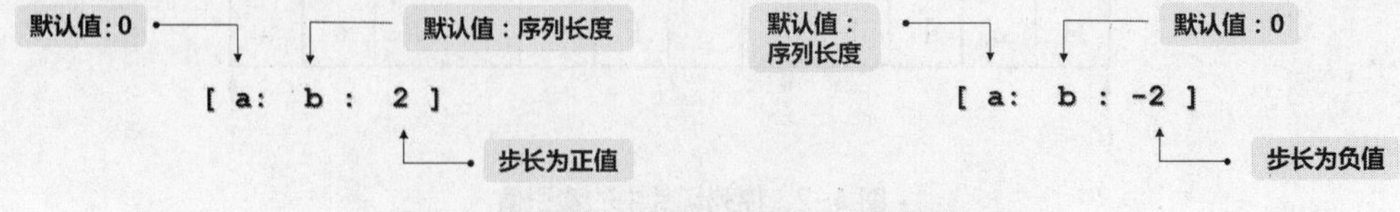

图 4-3 序列的扩展切片中前 2 个参数的默认值

步长为-1 表示列表的反转。列表反转还可以使用内置函数 reversed，该函数返回的是迭代器（Iterator），需要将迭代器转换为列表后才能输出。列表反转的代码如下所示。

```
print(L[::-1])              # [9, 8, 7, 6, 5, 4, 3, 2, 1]  列表反转
print(list(reversed(L)))    # [9, 8, 7, 6, 5, 4, 3, 2, 1]  列表反转，常用
```

4.3 字符串的基本操作

字符串是 Python 最常用的数据类型之一。Python 的字符串对象支持大量字符串操作，如连接字符串、遍历字符串等。

4.3.1 序列操作

所有序列（如字符串、列表等）都支持以下基本操作。

- +：连接两个序列。
- *：重复序列元素。
- in：判断元素是否在序列中。
- min/max：返回最小值/最大值。
- len：返回序列长度。

下面展示了字符串的序列操作。

1. 连接字符串

少数几个字符串的合并，可以采用运算符“+”来连接字符串，示例代码如下。

```
print('Hello ' + 'Python')      # 'Hello Python'
```

运算符“+”不会将数字或其他类型值自动转换为字符串，需要通过函数 str 将值转换为字符串，以便它们可以与其他字符串组合，示例代码如下。

```
year = 2008
print('Python 3.0 was released in '+ str(year))
# Python 3.0 was released in 2008
```

2. 重复字符串

运算符“*”用于以指定的次数来重复字符串。例如，下面的代码输出了一条分割线。

```
print('-' * 40)
# ----------------------------------------
```

3. 最大值/最小值

字符串中的每个字符在计算机中都有对应的 ASCII 值。函数 min 和函数 max 对相应字符的 ASCII 值进行比较，从而获取最小值和最大值对应的字符。Python 提供了两个内置函数 ord 和 chr，用于字符与 ASCII 值之间的转换，示例代码如下。

```
s = 'Python'
print(max(s), min(s))     # y P
```

4. 成员测试

关键字 in 测试字符串中是否包含指定的子串。如果需要知道子串出现的具体位置，可以使用方法 find，示例代码如下。

```
s = "Java and Python are very popular"
print('Python' in s)                    # True
print(s.find('Python'))                 # 9
```

4.3.2 常用的字符串方法

在米筐 Notebook 中，既可以使用 dir(str)查看字符串的方法列表，也可以使用 help(str)查看每个方法的详细说明，如图 4-4 所示。

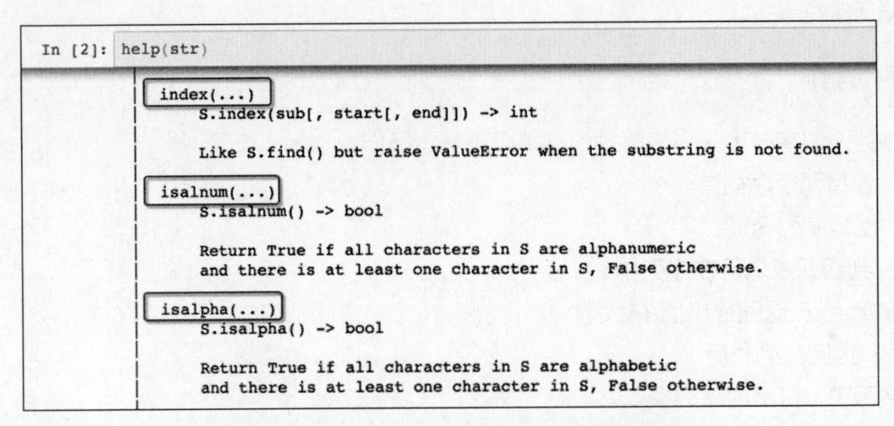

图 4-4　使用 help(str) 查看每个方法的详细说明

为方便查看，这里列出了常用的字符串方法，如表 4-1 所示。

表 4-1　常用的字符串方法

方　法	描　述
str.lower()	返回全部字符小写的新字符串
str.upper()	返回全部字符大写的新字符串
str.islower()	所有字符都是小写时，返回 True
str.isprintable()	所有字符都可输出时，返回 True
str.isnumeric()	所有字符都是数值时，返回 True
str.isalpha()	所有字符都是字母时，返回 True
str.isspace()	所有字符都是空格符时，返回 True
str.find(sub[, start[, end]])	检测 sub 是否包含在 str 中。如果是，则返回 sub 在 str 中的索引值，否则返回-1
str.index(sub[, start[, end]])	与方法 find 一样，如果 sub 不在字符串中会报异常
str.startswith(prefix[, start[, end]])	如以 prefix 开始则返回 True，否则返回 False
str.endswith(suffix[,start[,end]])	如以 suffix 结尾则返回 True，否则返回 False
str.split(sep=None,maxsplit=-1)	返回由 str 根据 sep 被分隔的部分构成的列表
str.count(sub[,start[,end]])	返回 sub 子串出现的次数
str.replace(old,new[, count])	返回新字符串，所有 old 子串被替换为 new 子串。如果给出 count，则前 count 次出现的 old 被替换

续表

方　法	描　述
str.center(width[, fillchar])	返回使用 fillchar 填充的字符串，原始字符串以总共 width 列为中心
str.strip([chars])	返回新字符串，在其左侧和右侧去掉 chars 中列出的字符
str.zfill(width)	返回新字符串，长度为 width，不足部分在开始位置添“0”
str.format()	返回字符串的一种排版格式
str.join(iterable)	返回新字符串，由组合数据类型 iterable 变量的每个元素组成，元素间用 str 分隔

【说明】

（1）参数 start 和 end 可选，用于指定范围。

（2）方法 startswith 和 endswith 的参数最多有 3 个。如果要设置参数 end，则必须设置第 2 个参数 start。

【示例】把百分数转换为浮点数。

在文件、网页上经常会读取到百分数，通常认为它是字符串，需要将其转换为浮点数。

【代码】

```
s1 = '86.7%'
print(s1.rstrip('%'))              # 86.7
print(float(s1.rstrip('%'))/100)  # 0.867
```

字符串方法 strip、lstrip、rstrip 默认去除空格符，也能去除指定的字符。这里使用方法 rstrip 去除结尾的百分号后，再将数字转换为浮点数。

方法 strip 可以去除开始和结尾的指定字符，示例代码如下。

```
s2 = '==Python=='
print(s2.strip('='))              # Python
```

4.3.3 匹配字符串的前缀和后缀

如果想查找具有相同前缀的字符串，可以使用方法 startswith。例如，使用命令 dir(str)可获得字符串的所有方法，而如果想从中找出前缀为“is”的所有方法，可以使用方法 startswith，代码如下。

```
for s in dir(str):
    if s.startswith("is"):
        print(s, end=' ')
# isalnum isalpha isdecimal isdigit isidentifier islower isnumeric isprintable isspace istitle isupper
```

想查找有相同后缀的字符串，可以使用方法 endswith，典型应用就是查找同一类型的文件，代码如下。

```
files = ['01.py', '02.py', 'demo.cpp', 'T03.java', 'hello.c']
for f in files:
    if f.endswith('py'):
        print(f, end=' ')
# 01.py 02.py
```

想检查多种匹配可能，只需要将所有匹配项放入元组中，然后将元组传给方法 startswith 或者 endswith。下面的代码用来从文件列表中找出所有扩展名为.c 或.cpp 的文件。

```
files = ['01.py', '02.py', 'demo.cpp', 'T03.java', 'hello.c']
for f in files:
    if f.endswith(('c', 'cpp')):
        print(f, end=' ')
# demo.cpp hello.c
```

实际上，方法 startswith 和 endswith 并不要求匹配的前缀和后缀是字符串本身的前缀或后缀，也可以是切片后的前缀或后缀。

4.3.4 切分和合并字符串 ★

使用方法 split 和方法 join 可以分别实现字符串的切分和合并。

1. 字符串的切分

字符串的切分可以使用方法 split 来实现，如下所示。

```
s = 'Java Python PHP C# Swift Perl'
print(s.split())
# ['Java', 'Python', 'PHP', 'C#', 'Swift', 'Perl']
```

默认情况下，分隔符是空格符。如果采用其他分隔符，则需要明确指定，如下所示。

```
s = 'Java, Python, PHP, C#, Swift, Perl'
print(s.split(','))
# ['Java', ' Python', ' PHP', ' C#', ' Swift', ' Perl']
```

如果仔细观察，则可以发现 Python、PHP、C#、Swift、Perl 前面有 1 个空格符，这并不是程序员所需要的。此时，可以采用列表生成式来处理，如下所示。

```
s = 'Java, Python, PHP, C#, Swift, Perl'
print([v.strip() for v in s.split(',')])
```

列表生成式的详细使用方法会在 5.7 节“列表生成式”中介绍。第 8 章“正则表达式”会介绍使用正则函数 re.split 来实现更为强大的字符串切分。

2. 字符串的合并

如果是少数几个字符串的合并，可以采用运算符“+”。更多时候，合并字符串采用方法 join 来完成，如下所示。

```
L = ['Beijing', 'Shanghai', 'Guangzhou', 'Shenzhen']
print(', '.join(L))
# Beijing, Shanghai, Guangzhou, Shenzhen
```

如果要每行输出一个城市名，可以将逗号替换为换行符，即使用'\n'.join(L)。

初看起来，这种语法比较怪——join 被指定为字符串的一个方法。这样做是考虑到连接的对象可能来自各种不同的数据序列，如列表、元组、集合或生成器等。如果在所有序列上都定义一个 join 方法，明显是冗余的。将 join 指定为字符串的方法后，只需要指定分隔符，并调用分隔符的方法 join 即可将列表中的字符串组合起来。

4.4 字符串格式化和输出语句

Python 支持两种字符串格式化方式：一种是类似 C 语言中函数 printf 的格式化方式，支持该方式主要是考虑到应与大批 C 语言程序员的编程习惯相一致；另一种是采用方法 str.format 进行格式化。Python 的组合数据类型（如列表和字典等）无法通过类似 C 语言的格式化方式来表达，只能用后者。

【示例】采用方法 str.format 格式化字符串。

```
import math


print("{} is {} years old".format('Eric', 21))
print("PI = {:.6}".format(math.pi))
```

在上述代码中，参数类型是元组。方法 str.format 的参数类型也可以是字典，如下所示。

```
person = {'age': 21, 'name': 'Eric'}
print("{name} is {age} years old".format(**person))
# Eric is 21 years old
```

本书附录 C 会介绍字符串格式化方法的用法。

4.5 中文分词和 jieba 库 *

中文分词与英文分词有很大的不同。对英文而言，单词采用空格符和标点符号来分隔。汉语以“字”为基本的书写单位，词语之间没有明显的分隔标记，需要人为切分。

不同的人对词的切分的看法差异远比人们想象的要大得多。1994 年，《数学之美》的作者吴军和 IBM 公司的研究人员合作，IBM 公司提供了 100 个有代表性的中文整句，吴军组织了 30 名清华大学二年级本科生独立地对它们进行分词。实验前，为了保证大家对词的看法基本一致，对 30 名学生进行了半个小时的培训。实验结果表明，这 30 名大学生分词的一致度只有 85%~90%。

分词的难点还与上下文、背景知识相关，下面考虑这几句话的分词。

（1）一行行行行行，一行不行行行不行。

（2）来到杨过曾经生活过的地方，小龙女说：“我也想过过过儿过过的生活。”

（3）另一个宿舍的人说你们宿舍的地得扫了。

（4）校长说衣服上除了校徽别别别的。

在将统计语言模型用于分词以前，分词的准确率通常较低。当统计语言模型被广泛应用后，不同分词器产生的结果差异要远远小于不同人对切分看法的差异。

分词效果对信息检索、实验结果有很大影响，分词涉及各种各样的算法。对中文进行分词的工具库有很多，常见的有中国科学院计算技术研究所的 NLPIR、哈尔滨工业大学的 LTP、清华大学的 THULAC、斯坦福分词器、HanLP 分词器、jieba 分词、IKAnalyzer 等，这里介绍使用 jieba 库来分词。

不同的应用方式对分词的要求是不一样的。在机器翻译中，分词颗粒度大，翻译效果较好。如将“联想公司”作为整体，很容易找到对应的英语翻译“Lenovo”；如果将其分为“联想”“公司”，则很可能翻译失败。而在网页搜索中，小的颗粒度比大的颗粒度要好。如“清华大学”作为一个词，在网页分词后，它是一个整体，当用户查询“清华”时，就找不到“清华大学”了。

jieba 库支持以下 3 种分词模式。

（1）精确模式：试图将句子最精确地切分，适合文本分析。

（2）全模式：将句子中所有可能成词的词语都扫描出来，速度快，但是不能处理歧义。

（3）搜索引擎模式：在精确模式的基础上，对长词再次切分，提高召回率，适用于搜索引擎。

jieba 库中常用的分词函数如表 4-2 所示。

表 4-2　jieba 库中常用的分词函数

函　数	描　述
jieba.cut(s)	精确模式，返回一个可迭代的数据类型
jieba.cut(s, cut_all=True)	全模式，输出文本 s 中所有可能的单词
jieba.cut_for_search(s)	搜索引擎模式，适合搜索引擎建立索引
jieba.lcut(s)	精确模式，返回一个列表，建议使用
jieba.lcut(s, cut_all=True)	全模式，返回一个列表，建议使用
jieba.lcut_for_search(s)	搜索引擎模式，返回一个列表，建议使用
jieba.add_word(w)	向分词词典中增加新词

从表 4-2 可知，前 3 个函数返回的是可迭代的数据类型，不能直接输出；第 4～6 个函数返回的是列表，可以直接输出。

下面的代码展示了使用 3 种不同模式对文本“人工智能是引领新一轮科技革命和产业变革的重要驱动力”的切分结果。

```
import jieba

text = '人工智能是引领新一轮科技革命和产业变革的重要驱动力'

w1 = jieba.cut(text, cut_all=False)
print("精确模式: " + ",".join(w1))

w2 = jieba.cut(text, cut_all=True)
print("全模式: " + ",".join(w2))

w3 = jieba.cut_for_search(text)
print("搜索引擎模式: "+", ".join(w3))
```

运行结果如下所示。

```
精确模式: 人工智能,是,引领,新一轮,科技,革命,和,产业,变革,的,重要,驱动力
全模式: 人工,人工智能,智能,是,引领,新一轮,一轮,科技,革命,和,产业,变革,的,重要,驱动,驱动力,动力
搜索引擎模式:人工, 智能, 人工智能, 是, 引领, 一轮, 新一轮, 科技, 革命, 和, 产业, 变革, 的, 重要, 驱动, 动力, 驱动力
```

jieba 库支持繁体分词，也支持自定义词典。jieba 库还具有丰富的功能，如词性标注、关键词

抽取等，本节不再做深入介绍。

4.6 小结

- 字符串可采用单引号、双引号来界定，多行文本可采用三重引号界定。
- 在表示 Windows 路径和正则表达式时，常常会采用 raw 字符串。
- 切片是针对序列的操作，适用于字符串、元组及列表等。
- Python 支持两种字符串格式化方式：C 语言风格和 Python 风格（字符串方法 format）。
- jieba 库支持 3 种分词模式：精确模式（默认）、全模式及搜索引擎模式。

4.7 习题

一、选择题

1. 在 Python 中关于单引号与双引号的说法，正确的是______。
   A. Python 中字符串初始化只能使用单引号
   B. 单引号用于短字符串，双引号用于长字符串
   C. 单、双引号在使用上没有区别
   D. 单引号针对变量，双引号针对常量
2. 下面代码的输出结果是______。

```
a = "ac"
b = "bd"
c = a + b
print(c)
```

   A. dbac　　B. bdac　　C. acbd　　D. abcd
3. 字符串是一个连续的字符序列，用什么方式可以输出换行的字符串？______
   A. 使用转义字符\\　　B. 使用\n　　C. 使用空格符　　D. 使用“\换行”
4. 字符串函数 strip 的作用是______。
   A. 按照指定字符分隔字符串为数组　　B. 连接两个字符串
   C. 去掉字符串两侧空格符或指定字符　　D. 替换字符串中特定字符
5. 字符串“人生苦短，我用 Python”的长度是______。
   A. 11　　B. 12　　C. 13　　D. 14
6. 下面哪个语句能够让列表 names = ['Dick', 'Nancy', 'Roger']中的名称按行输出？______
   A. print("\n".join(names))　　B. print(names.join("\n"))
   C. print(names.append("\n"))　　D. print(names.join("%s\n", names))
7. 下面代码的输出结果是______。

```
s1 = "The python language is a scripting language."
s1.replace('scripting','general')
print(s1)
```

A. The python language is a scripting language.
B. The python language is a general language.
C. ['The', 'python', 'language', 'is', 'a', 'scripting', 'language.']
D. 系统报错

8. 字符串 s 是一个字符序列，如何访问字符串 s 中从右向左第 3 个字符？______
A. s[3] B. s[−3] C. s[2] D. s[0:2]

9. 执行以下代码的结果是______。

```
url='deeplearning.ai'
url[-3:-1]='.com'
```

A. 'deeplearning.com' B. 'deeplearning'
C. 'deeplearning.aim' D. 异常

10. s = 'Python is beautiful!'，可以输出“python”的语句是______。
A. print(s[0:6].lower()) B. print(s[0:6])
C. print(s[−21: −14].lower) D. print(s[:−14])

11. 代码 s = "Alice"; print(s[::−1])的输出结果是______。
A. Alic B. ecilA C. Alice D. ALICE

12. 要将 3.1415926 变成 00003.14，应如何进行格式化输出？______
A. "%.2f"% 3.1415926 B. "%8.2f"% 3.1415926
C. "%0.2f"% 3.1415926 D. "%08.2f"% 3.1415926

二、程序设计题

1. 字符串的连接（P1032）。将两行字符串连接，每行字符串的长度不超过 100。例如，输入“Hello”“World”，则输出结果为“Hello World”。

2. 从两个字符串中输出较长的字符串（P1137）。比较两个字符串的长度，输出长度较长的字符串。如果两个字符串的长度相同，则输出第 1 个字符串。

3. 字符串的逆序输出（P1031）。使输入的字符串按逆序存放，在主函数中输出逆序后的字符串。例如，输入 123456abcdef，则输出结果为 fedcba654321。

4. 三位数反转（P1167）。输入一个三位数，分离出它的百位、十位和个位，反转后输出。也就是依次输出个位、十位和百位。例如，输入 127，输出结果为 721。

5. 计算 n 行字符串的长度（P1138）。输入不超过 100 行的字符串，计算每一行字符串的长度并输出。每一行的字符串长度不超过 80。

6. 逆序输出 10 个数字（P1026）。输入 10 个数字，然后逆序输出，输出的数字之间使用空格符分开。注意，最后一个数字后面没有空格符，如果在最后一个数字后面输出了空格符，会导致“格式错误”。例如，输入 1 2 3 4 15 6 17 8 9 0，输出结果为 0 9 8 17 6 15 4 3 2 1。

7. 求和 $S_n=a+aa+aaa+\cdots+aa\cdots aaa$（P1013）。求 $S_n=a+aa+aaa+\cdots+aa\cdots aaa$（有 n 个 a）的值，其中 a 是一个数字。在本题中，$a=2$，n 由键盘输入。如果 $n=4$，和就是 2+22+222+ 2222 = 2468。例如，输入 5，则计算 2+22+222+2222+22222，输出结果为 24690。

第 5 章 组合数据类型

- 序列有哪些共同特点?
- 列表的排序方法和内置函数有什么不同?
- 如何遍历多个相关列表?
- 元组有哪些用途?
- 字典有什么特点?
- 如何遍历字典?
- 如何输出嵌套的字典?
- 集合有哪些用途?
- 为何使用列表生成式?

5.1 序列、集合和映射

在第 2 章“程序设计入门”中介绍了数字类型，包括整数、浮点数和复数，这些类型仅能表示一个数据，这种表示单一数据的类型称为基本数据类型。然而，实际计算中存在大量同时处理多个数据的情况，这就需要将多个数据有效组织起来并统一表示，这种能够表示多个数据的类型称为组合数据类型。组合数据类型可以分为 3 类，即序列、集合和映射，如图 5-1 所示。

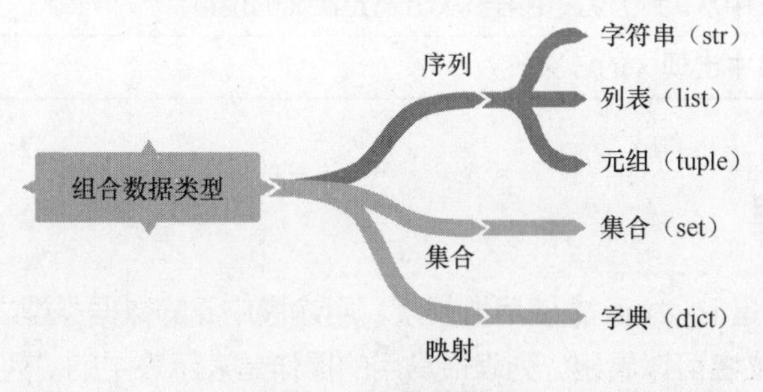

图 5-1 组合数据类型

V5-1 字典、遍历和排序

（1）序列是一个元素向量，元素之间存在先后关系，通过序号（索引）访问。

（2）集合是一个元素集合，元素之间无顺序，相同元素在集合中唯一存在。

（3）映射是键-值（Key-Value）对的组合，每个元素是一个键-值对。

5.2 序列的特点和通用操作

序列不是 Python 的数据类型，而是涵盖具有共同性质的一些类型的概念。字符串、列表及元组都是序列。

（1）字符串可以看成单一字符的有序组合，属于序列。同时，由于字符串很常用且单一字符串只表达一个含义，因此其也被看作基本数据类型。

（2）列表是可以修改数据项的序列，使用也最灵活。

（3）元组是包含零个或多个数据项的不可变序列。元组生成后是固定的，其中任何数据项都不能被替换或删除。

无论是哪种具体数据类型，只要它是序列，都可以使用相同的索引体系，即正向递增序号和反向递减序号。序列的通用运算符和函数如表 5-1 所示。

表 5-1　　序列的通用运算符和函数

运 算 符	描 述
x in s	如果 x 是 s 的元素，返回 True，否则返回 False
x not in s	如果 x 不是 s 的元素，返回 True，否则返回 False
s + t	连接 s 和 t
s * n 或 n * s	将序列 s 复制 *n* 次
s[i]	索引，返回序列的第 *i* 个元素
s[i: j]	分片，返回包含序列 s 中第 *i* 个到第 *j* 个元素的子序列（不包含第 *j* 个）
s[i: j: k]	步骤分片，返回包含序列 s 中第 *i* 个到第 *j* 个元素以 *k* 为步长的子序列（不包含第 *j* 个）
len(s)	序列 s 中的元素个数（序列 s 的长度）
min(s)	序列 s 中的最小元素
max(s)	序列 s 中的最大元素
s.index(x[, i[, j]])	序列 s 中从 *i* 到 *j* 位置中第一次出现元素 x 的位置
s.count(x)	序列 s 中出现 x 的总次数

5.3 列表：批量处理

V5-2 列表：批量处理

列表（list）是 Python 中使用最频繁、用途最广泛的数据类型之一，非常灵活。从列表的中文名可以看出，列表最常用的操作是表示表中的“列”。通常情况下，其中各个元素的类型是相同的，相当于 C、C++、Java 等语言中的数组。

5.3.1 列表的基本用法

创建列表有两种方式：使用方括号“[ ]”和使用类型转换函数 list，示例代码如下。

```
L = [2, 4, 6, 8]
M = list(range(2,9,2))
print(M)                                   # [2, 4, 6, 8]
print(L==M)                                # True，判断两个列表的内容是否相同
```

如果使用字符串作为参数，返回的是包含单个字符的字符串组成的列表，示例代码如下。

```
print(list("Python"))
# ['P', 'y', 't', 'h', 'o', 'n']
```

列表还可以通过类的方法获得，如字符串方法 split 返回切分后的字符串列表，示例代码如下。

```
print("Python is a powerful language".split())     # 默认用空格符作为分隔符
# ['Python', 'is', 'a', 'powerful', 'language']

print("PHP,C/C++,Java,PHP".split(",") )            # 使用逗号作为分隔符
# ['PHP', 'C/C++', 'Java', 'PHP']
```

Python 为列表提供了很多内置函数，如计算长度函数、求和函数、求最大值函数和求最小值函数等，示例代码如下。

```
L = [2, 4, 6, 8]
print(len(L))                                      # 4
print(sum(L))                                      # 20
print(max(L), min(L))                              # 8 2
```

5.3.2 列表的常用操作

列表具有丰富的方法，从而简化了程序的编写过程。下面以小明学习程序设计语言的经历来了解列表的常用操作。

小明最初学习了 3 门程序设计语言，如下所示。

```
L = 'C/C++ Java PHP'.split()       # ['C/C++', 'Java', 'PHP']
```

为了开发 iOS 应用，他打算学习 Objective-C，此时可使用方法 append 将元素添加到列表末尾，如下所示。

```
L.append('Objective-C')            # ['C/C++', 'Java', 'PHP', 'Objective-C']
```

而程序设计语言 Swift 是 Objective-C 的升级语言，小明又觉得应该学 Swift 而不是 Objective-C，此时可以通过索引的方式将 Objective-C 替换为 Swift，如下所示。

```
i = L.index('Objective-C')         # i = 3
L[i] = 'Swift'                     # ['C/C++', 'Java', 'PHP', 'Swift']
```

列表方法 index 用来返回第一个匹配项的索引。对列表中的某一个索引赋值，就可以直接用新的元素替换原来的元素，列表包含的元素个数保持不变。

小明又了解到 Python 是大数据时代的中流砥柱，认为 Python 应该排在列表的首位。此时可以使用方法 insert 在指定的位置插入元素，该位置和后面的元素向后移动一位。方法 insert 可接收两个参数：第一个是索引值；第二个是待添加的新元素。具体代码如下。

```
L.insert(0, 'Python')  #  ['Python', 'C/C++', 'Java', 'PHP', 'Swift']
```

【说明】如果列表很长，在越靠前的位置插入元素，需要移动的元素就越多，相对越耗时。

小明想学习的语言还有很多，如 JavaScript、Go、C#，可以将这些语言放在一个新的列表 M 中，再通过方法 extend 将新的列表添加到已有列表的后面。具体代码如下。

```
M = ['JavaScript', 'Go', 'C#']
L.extend(M)
#  ['Python', 'C/C++', 'Java', 'PHP', 'Swift', 'JavaScript', 'Go', 'C#']
```

小明发现需要学习的编程语言太多了，于是他决定先不学 Go 了。删除列表中的元素有多种方法，如下所示。注意，如果依次执行下面的语句，则相当于删除了 3 个元素。

【方法 1】根据值来删除。

```
L.remove('Go')
# ['Python', 'C/C++', 'Java', 'PHP', 'Swift', 'JavaScript', 'C#']
```

【方法 2】根据位置删除。

```
del L[-2]
```

【方法 3】根据位置删除，同时返回被删除的元素。

```
L.pop(-2)    # print 'Go'
```

若方法 pop 不指定参数，则默认删除最后一个元素。如果要删除“Go”，可使用 L.pop(-2)，方法 pop 可以返回被删除的元素。

结合本小节的示例，可知列表的常用操作如表 5-2 所示。

表 5-2　列表的常用操作

功　能	代　码
添加到最后	L.append('Objective-C')
获取值所在位置	L.index('Objective-C')
根据位置修改	L[i] = 'Swift'
在指定位置插入	L.insert(0, 'Python')
添加列表 M	L.extend(M)
根据值删除元素	L.remove('Go')
根据位置删除元素	del L[-2]
根据位置删除并返回元素	L.pop(-2)

5.3.3 列表的遍历：enumerate 和 zip

列表具有可迭代性，可以使用 for 循环来遍历列表。

V5-3 列表的遍历：enumerate 和 zip

```
cities = "Shanghai Beijing Guangzhou Shenzhen".split()
for city in cities:
    print(city)
# Shanghai
# Beijing
# Guangzhou
# Shenzhen
```

列表的另一种遍历方式是通过索引来访问各个元素，该方式的优点是可以获得各个元素的位置（索引），代码如下所示。

```
cities = "Shanghai Beijing Guangzhou Shenzhen".split()
for i in range(len(cities)):
    print(i+1, cities[i])
# 1 Shanghai
# 2 Beijing
# 3 Guangzhou
# 4 Shenzhen
```

Python 还提供了函数 enumerate 来实现遍历，代码如下所示。

```
cities = "Shanghai Beijing Guangzhou Shenzhen".split()
for k, v in enumerate(cities):
    print(k+1, v)
```

【说明】函数 enumerate 将可遍历的数据对象（如列表、元组或字符串）组合为一个索引序列，同时产生偏移（索引）和元素。函数 enumerate 的第 2 个参数用于设置索引起始位置，代码如下所示。

```
cities = "Shanghai Beijing Guangzhou Shenzhen".split()
for k, v in enumerate(cities, 1):
    print(k, v)
```

如果要遍历两个或多个相关列表，可以使用函数 zip，代码如下所示。

```
L = ['Alice', 'Bob', 'Chris', 'David']
M = ['FeMale', 'Male', 'Male', 'Male']
for name, sex in zip(L, M):
    print(name, sex)

# Alice FeMale
# Bob Male
# Chris Male
# David Male
```

【说明】函数 zip 使用可迭代的对象作为参数，将对象中对应的元素打包成元组，然后返回由这些元组组成的对象。

5.3.4 列表的两种排序方法

Python 提供了两种方法来对列表进行排序。

【方法 1】使用列表对象方法 sort 排序。

```
L = [5, 2, 3, 1, 4]
L.sort()                # 默认是按照升序排列
print(L)                # [1, 2, 3, 4, 5]
L.sort(reverse=True)    # 按照降序排列
print(L)                # [5, 4, 3, 2, 1]
```

这种方法称为就地（**In Place**）排序，原有的列表发生了变化。

【方法 2】使用内置函数 sorted 排序。

```
L = [5, 2, 3, 1, 4]
M = sorted(L)
print(M)                          # [1, 2, 3, 4, 5]
```

```
N = sorted(L, reverse=True)
print(N)                        # [5, 4, 3, 2, 1]
```

函数 sorted 返回新列表，原有列表不变。

5.3.5 列表的引用和复制 *

先看下面的代码。

```
a = [1, 2, 3, 4]
b = a
b.append(5)

print(a)          # [1, 2, 3, 4, 5]
print(b)          # [1, 2, 3, 4, 5]
print(id(a))      # 4360631752
print(id(b))      # 4360631752
```

其中，第 3 行代码向列表 b 中添加了 5，再查看列表 a，发现列表 a 中也存在 5。这是由于 b = a 的含义是 b 指向 a 的对象，也就是 a 和 b 指向同一个对象。

如果希望实现复制操作，针对 b 的修改不影响原有列表 a，则有 3 种方式可选：copy 方法、切片操作及 list 函数。示例代码如下所示。

```
a = [1, 2, 3, 4]
b = a.copy()  # copy 方法
c = a[:]      # 切片操作
d = list(a)   # list 函数

b.append(5)
c.append(6)
d.append(7)

print(a)  # [1, 2, 3, 4]
print(b)  # [1, 2, 3, 4, 5]
print(c)  # [1, 2, 3, 4, 6]
print(d)  # [1, 2, 3, 4, 7]
print(id(a), id(b), id(c), id(d))
# 4361531976 4360631112 4360742728 4361534664
```

通过查看变量 a、b、c、d 的地址，可以发现它们的地址互不相同。由此可见，a、b、c、d 是相互独立的。

5.3.6 列表的操作汇总

列表的操作如表 5-3 所示。

表 5-3 列表的操作

函数或方法	描　述
ls[i] = x	替换列表 ls 的第 *i* 个元素为 x
ls[i: j] = lt	用列表 lt 替换列表 ls 中第 *i* 个到第 *j* 个元素（不含第 *j* 个元素，下同）

续表

函数或方法	描　述
ls[i: j: k] = lt	用列表 lt 替换列表 ls 中第 *i* 个到第 *j* 个以 *k* 为步长的元素
del ls[i: j]	删除列表 ls 第 *i* 个到第 *j* 个元素，等价于 ls[i: j]=[]
del ls[i: j: k]	删除列表 ls 第 *i* 个到第 *j* 个以 *k* 为步长的元素
ls += lt ls.extend(lt)	将列表 lt 的元素增加到列表 ls 中
ls *= n	更新列表 ls，其元素重复 *n* 次
ls.append(x)	在列表 ls 最后增加一个元素 x
ls.clear()	删除 ls 中所有元素
ls.copy()	生成一个新列表，复制 ls 中所有元素
ls.insert(i, x)	在列表 ls 第 *i* 个位置上增加元素 x
ls.pop(i)	将列表 ls 中第 *i* 个元素取出并删除该元素
ls.remove(x)	将列表中出现的第一个元素 x 删除
ls.reverse(x)	将列表 ls 中的元素反转

5.4 元组：不可变、组合

元组（tuple）可看作加了保护锁的列表，因为它一旦被创建就不能被修改。元组的很多方法和列表是相同的，当然，对列表中会改变自身的方法（如 append、insert 等），元组是不支持的。元组内的元素是不可变的，这一要求提供了完整性的约束，有助于编写大型程序。除了“不可变”以外，元组还有一个特性就是“组合”，即可把多个变量放在一起。元组在表达固定数据项、函数返回多个值、多变量同步赋值、循环遍历等情况下十分有用。

V5-4 元组：不可变、组合

元组的创建很简单，只需要在圆括号中添加元素，并使用逗号隔开即可，如下所示。

```
t1 = ('Eric', 18 , 'Male', '13912345678')   # 姓名，年龄，性别，手机
t2 = (1, 2, 3, 4, 5 )
t3 = "a", "b", "c", "d"                     # 不建议这样创建
```

【说明】圆括号可省略。任意无符号的多个对象以逗号隔开，默认类型是元组。

小知识：元组

元组的概念来自关系型数据库，表示一条记录，也就是表中的一行（Row）。

【应用 1】表达固定数据项。

下面的代码是一个拆包的示例，从邮件地址 pony@qq.com 中提取出用户名 user 和域名 domain。

```
user, domain = 'pony@qq.com'.split('@')
print(user)          # pony
print(domain)        # qq.com
```

类似的例子还有使用点号作为分隔符，从文件全名中提取出文件名和文件类型等。

【应用 2】函数返回多个值。

内置函数 divmod 的功能是除法和取余，可返回两个值，因此该函数的返回结果类型是元组。使用语句 help(divmod)可以看到这个函数的简要说明。

```
Help on built-in function divmod in module builtins:

divmod(x, y, /)
    Return the tuple (x//y, x%y).  Invariant: div*y + mod == x.
```

【应用 3】交换变量。

在其他编程语言（如 C、C++、Java）中，交换两个变量的值通常要借助第 3 个变量，如下所示。

```
t = x;
x = y;
y = t;
```

这样的代码显得有些累赘。在 Python 中，借助元组，交换变量的代码如下所示。

```
x, y = 3, 4
x, y = (y, x)
print(x, y)     # 4 3
```

【应用 4】在米筐 Notebook 中查看多个变量/表达式的值。

在米筐 Notebook 中，每个单元只能显示最后一个变量的值。如果要查看多个变量/表达式的值，该怎么办呢？方法是将这些变量/表达式写在一行，然后用逗号分开，如图 5-2 所示。其实，本质上还是只能显示一个变量，将这些变量/表达式合并为元组的变量后再显示，输出结果中包括的圆括号就可以说明这一点。

```
In [9]: 3+4, 5+6, 7*8
Out[9]: (7, 11, 56)
```

图 5-2　在米筐 Notebook 中查看多个变量/表达式的值

元组只包含一个元素时，需要在元素后面添加逗号，如下所示。

```
t1 = (50,)
t2 = (50 )
print(type(t1))   # <class 'tuple'>
print(type(t2))   # <class 'int'>
```

上面第 2 行代码执行了拆包，t2 的类型不再是“tuple”，而是“int”。

列表只包含一个元素时，是否添加逗号并不重要，下面的代码说明了这一点。

```
t1 = [50, ]
t2 = [50 ]
```

```
print(type(t1))   # <class 'list'>
print(type(t2))   # <class 'list'>
```

问：为何方括号中有 1 个元素即是列表，而圆括号中有 1 个元素却不是元组？

答：因为圆括号的使用场景更为广泛，如用于改变运算优先级。例如，n1 = (3+4)*2，n2 = (5+6)，n3 = (12)。显然，n1、n2 是整数，那么 n3 是整数还是元组呢？Python 认为 n3 是整数。

再看下面的示例。

```
lst = [
    ["abc", "bcde"],
    ["abc"],
    ("abc")
]
for v in lst:
    print(len(v))
```

输出结果是 2、1、3。列表的第 1 个元素是列表，该元素的长度为 2；列表的第 2 个元素也是列表，该元素长度为 1；列表的第 3 个元素是元组，并且没有逗号，直接拆包为字符串，字符串的长度为 3。

5.5 字典：按键取值

Python 内置了字典（dictionary，dict），也称为 map，使用键-值（key-value）对存储，具有**极快的查找速度**。键必须是唯一的，但值不必唯一。键必须是不可变类型，如字符串、数字或元组；值可以是任何数据类型。

V5-5 字典：按键取值

为什么字典查找速度这么快？因为字典查找的实现原理与查字典是一样的。假设字典包含了 10 万个汉字，要查某一个字，先在字典的索引表（如部首表）中查这个字对应的页码，然后直接翻到该页，找到这个字。这种方法的查找速度非常快，不会随着字典大小的增大而变慢。

在列表中查找元素的方法是从前往后翻，直到找到目标元素为止，列表大小越大，查找越慢。

小知识：索引

索引是按照一定顺序检索内容的体系。编程语言的索引主要有数字索引和字符索引。数字索引将数字作为索引值，可以通过整数序号找到内容，也称为位置索引。字符索引将字符作为索引词，通过具体的索引词找到数据，也称为单词索引。例如，现实生活中的汉语词典通过汉语词找到释义。Python 中，字符串、列表、元组等都采用数字索引，字典采用字符索引。

5.5.1 字典的创建和查找

字典的创建和查找是最为常见的操作。

【任务 1】创建字典。

创建字典，其中包含 5 个国家-首都（Country-Capital）对，以国家为主键，内容如下所示。

字典有 5 个键-值对，中间以冒号分隔。

```
'China':    'Beijing'
'France':   'Paris'
'Germany':  'Berlin'
'Italy':    'Rome'
'Japan':    'Tokyo'
```

【方法 1】通过初始化字典，一次性创建。

【代码】

```
d = {'China': 'Beijing',
     'France':'Paris',
     'Germany':'Berlin',
     'Italy':'Rome',
     'Japan':'Tokyo'}
```

【方法 2】初始化空字典后，再逐个添加或批量更新。

【代码】

```
d = { }
d['China']  = 'Beijing'
d['France'] = 'paris'
d.update({'France':'Paris', 'Germany':'Berlin',
          'Italy':'Rome', 'Japan':'Tokyo'})
# France 出现了两次，以最后的更新为准
```

【说明】同一主键多次赋值，以最后一次的赋值为准。方法 update 的常用参数是字典。

【任务 2】根据国家查找首都。

查找中国的首都，分别以主键'China'和'中国'在字典中查找。

【方法】使用方括号"[ ]"或 get 方法。

【代码】

```
print(d['China'])                    # 'Beijing'
if ('中国' in d):                    # 判断'中国'是否存在于字典中
    print(d['中国'])
else:
    print(d.get('中国', '不存在'))   # 不存在
```

【说明】

（1）如果肯定键存在于字典中，则直接使用方括号。

（2）如果不肯定，则使用 get 方法。该方法当键存在时返回相应值，否则返回设定值。

（3）判断键是否存在于字典中，使用'中国' in d 与使用'中国' in d.keys()的效果相同。

【任务 3】数字转换成星期（P1236）。

输入一个数字（1～7），输出对应的星期；输入其他数字，则输出 Error。

例如：输入 1，输出 Monday；输入 2，输出 Tuesday；输入 8，输出 Error。

样例输入：4

样例输出：Thursday

【方法】可使用分支结构来处理。这里采用字典来处理，更为简洁和优雅。

【代码】

```
d = {'1': 'Monday',
     '2': 'Tuesday',
     '3': 'Wednesday',
     '4': 'Thursday',
     '5': 'Friday',
     '6': 'Saturday',
     '7': 'Sunday'}
s = input()
if s in d:
    print(d[s])
else:
    print('Error')
```

5.5.2 字典的遍历和排序 *

字典的遍历和排序相对不常见，这也很好理解，因为更多人只是查字典，而不是将字典翻遍。

【任务 1】根据字典中国家的英文名称，有序输出所有键-值对。

如图 5-3 中的左图，国家在左侧，首都在右侧。

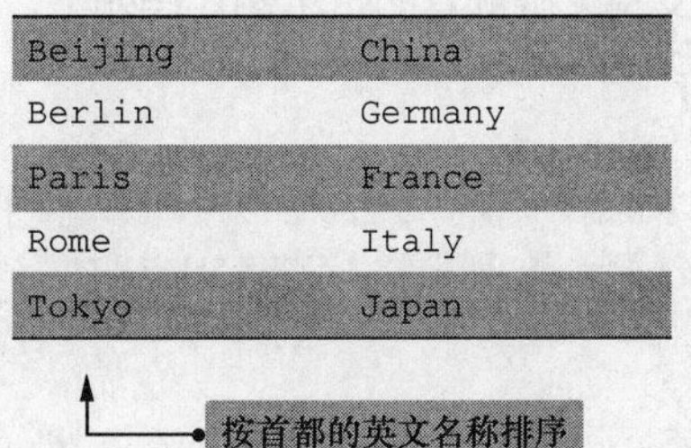

图 5-3 所有键-值对

【方法 1】使用方法 items 返回所有键-值对（以元组的形式）。任务还要求按国家的英文名称排序，可使用内置函数 sorted。

【代码】

```
for k, v in sorted(d.items()):
    print(k, v)
```

【方法 2】使用方法 keys 返回所有主键，遍历返回的主键，再通过主键来获取值。

【代码】

```
for k in sorted(d.keys()):
    print(k, d[k])
```

【任务 2】根据字典中首都的英文名称，有序输出所有键-值对。

如图 5-3 中的右图，首都在左侧，国家在右侧，按首都的英文名称排序。

【方法】使用内置函数 sorted，通过关键字 key 指定排序规则。除此以外，输出时要交换键和值顺序。

【代码】

```
for k, v in sorted(d.items(), key=lambda t:t[1]):
    print(v, k)
```

【说明】以上代码中用到了匿名函数（lambda 函数），第 6 章“函数”会对其进行详细讲解，这里仅进行简要分析。如图 5-4 所示，lambda 函数的输入是一个元组，在这里是形如“China，Beijing”的键-值对，输出是元组的第 2 个值（t[1]），也就是让函数 sorted 根据值来排序。

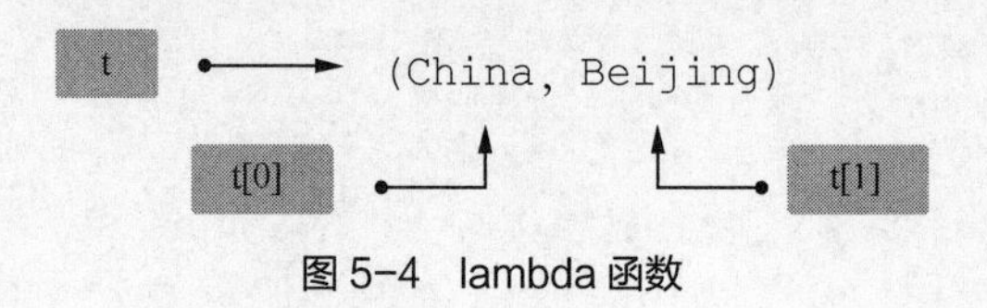

图 5-4　lambda 函数

5.5.3　字典的嵌套、JSON 及 pprint 库 *

列表、元组和字典都支持多种数据类型。就字典而言，很常见的情景是字典（键-值对）中值的类型是字典，这称为字典的嵌套。

1. 字典的嵌套

字典是支持无限嵌套的，示例代码如下。

```
cities={
    '北京':{
        '朝阳':['国贸','CBD','天阶','奥运村','亚运村'],
        '海淀':['圆明园','苏州街','中关村','北京大学'],
        '昌平':['沙河','南口','小汤山']
    },
    '江苏':{
        '南京':['玄武区','秦淮区','鼓楼区','雨花台区','浦口区'],
        '苏州':['姑苏区','吴中区','吴江区']
    }
}
for i in cities['北京']:                    # 朝阳 海淀 昌平
    print(i, end=' ')
print()
for i in cities['北京']['海淀']:            # 圆明园 苏州街 中关村 北京大学
    print(i, end=' ')
```

2. 字典和 JSON

字典除了在程序中创建外，还可以通过文件加载，常见的一种字典文件格式是 JSON。JavaScript 对象标记（JavaScript Object Notation，JSON）是轻量级的数据交换格式，易于阅读和编写，同时也易于计算机解析和生成。JSON 自 2001 年开始推广使用，2005—2006 年逐步成为主流的数据格式之一。另外一种用于存储和交换文本信息的格式是 XML，但 JSON 比 XML 的文件更小、传输速度更快、更易解析。

使用 Python 来编码和解码 JSON 对象非常简单，对象可以是数值、字符串、列表以及字典，最常用的对象是字典，嵌套字典的表达能力更强。编码将内存中的 Python 对象保存在字符串或文件中，解码把 JSON 格式字符串或文件转换为 Python 对象，JSON 对象的编码和解码如图 5-5 所示。

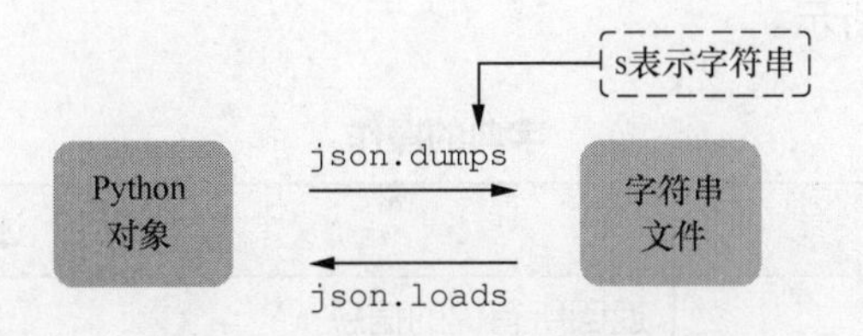

图 5-5　JSON 对象的编码和解码

JSON 的常用方法如表 5-4 所示。

表 5-4　JSON 的常用方法

方　法	描　述
json.dumps()	将 Python 对象编码成 JSON 字符串
json.loads()	将已编码的 JSON 字符串解码为 Python 对象
json.dump()	将 Python 内置类型序列化为 JSON 对象后写入文件
json.load()	读取文件中 JSON 格式的字符串并转换为 Python 对象

字典（Python 对象）导出（Dump）为 JSON 格式字符串的示例代码如下所示。

```
import json

d =  { 'a' : 1, 'b' : 2, 'c' : 3, 'd' : 4, 'e' : 5 }
s = json.dumps(d)      # 字典导出为 JSON 格式字符串
print(type(s))         # <class 'str'>
print(s)               # {"a": 1, "b": 2, "c": 3, "d": 4, "e": 5}
```

JSON 格式字符串加载（Load）为 Python 对象的示例代码如下所示。

```
json_str = '{"a": 1, "b": 2, "c": 3, "d": 4, "e": 5}'
d = json.loads(json_str)
print(type(d))              # <class 'dict'>
```

注意：JSON 格式的字符串使用双引号，不支持单引号。

3. 漂亮的输出：pprint 库

如果使用 print 输出 cities，得到的结果是很难看清楚层次结构的。这时可以使用 Python 内置 pprint 库中的 pprint，使用方法如下所示。

```
from pprint import pprint
pprint(cities)
```

输出的结果如下所示。

```
{'北京': {'昌平': ['沙河', '南口', '小汤山'],
        '朝阳': ['国贸', 'CBD', '天阶', '奥运村', '亚运村'],
        '海淀': ['圆明园', '苏州街', '中关村', '北京大学']},
 '江苏': {'南京': ['玄武区', '秦淮区', '鼓楼区', '雨花台区', '浦口区'],
        '苏州': ['姑苏区', '吴中区', '吴江区']}}
```

5.5.4 字典的操作汇总

字典的操作如表 5-5 所示。

表 5-5 字典的操作

函数和方法	描　述
<d>.keys()	返回所有键的信息
<d>.values()	返回所有值的信息
<d>.items()	返回所有键-值对
<d>.get(<key>,<default>)	键存在则返回相应值，否则返回默认值
<d>.pop(<key>,<default>)	键存在则返回相应值，同时删除键-值对，否则返回默认值
<d>.popitem()	随机取出一个键-值对，以元组（key, value）形式返回
<d>.clear()	删除所有键-值对
del <d>[<key>]	删除字典中某一个键-值对
<key> in <d>	如果键在字典中，则返回 True，否则返回 False

5.6 集合：去重

集合（Set）是无序不重复元素的集，基本功能包括关系测试和消除重复元素。创建集合有两种方式，即使用花括号和使用类型转换函数 set，代码如下所示。

```
s = {1, 2, 3, 1, 2, 3}
print(s)                    # {1, 2, 3}

L = [1, 2, 3, 1, 2, 3]
t = set(L)
print(s==t)                 # True
# 使用 == 比较两个集合是否相等
```

注意：如果要创建一个空集合，必须用函数 set，而不用{ }，后者创建一个空字典。从这个小细节也可以看出，设计者认为字典更为常用，代码如下所示。

```
d = { }
print(type(d))    # <class 'dict'>
s = set()
print(type(s))    # <class 'set'>
```

【任务】统计字符串中不同的字母数。

字符串为“Python, PHP and Perl”。任务的处理有多种方法，有些方法还没有介绍，读者可以先初步了解，以后再深入掌握。

【方法 1】使用循环和集合。循环遍历字符串中的字符，如果是字母，则添加到集合中，最后统计集合中的元素数量。

【代码】

```
text = "Python, PHP and Perl"
s = set()                       # 创建一个空集合
for ch in text:
    if ch.isalpha():            # 字符 ch 是不是字母
        s.add(ch)
print(len(s))                   # 12
```

V5-6 集合

【说明】第 4 行使用了字符串方法 isalpha 来判断字符是否为字母。

【方法 2】使用列表生成式。

【代码】

```
text = "Python, PHP and Perl"
s =  set([ch for ch in text if ch.isalpha()])
print(len(s))                                     # 12
```

【方法 3】使用函数 filter。循环体中出现单分支结构，可考虑使用函数 filter。

【代码】

```
text = "Python, PHP and Perl"
s =  set((filter(str.isalpha, text)))
print(len(s))                        # 12
```

【说明】函数 filter 返回的是迭代器，使用类型转换函数 set 将其转换为集合，实现了去重。

【方法 4】使用正则库 re 中的函数 findall 找出所有字母。

【代码】

```
import re

text = "Python, PHP and Perl"
print(len(set(re.findall('\w', text))))     # 12
```

【说明】使用正则表达式\w 找出字符串中的所有字母，由函数 re.findall 生成单个字母的列表，然后把列表转换为集合，从而实现去重。

V5-7 列表生成式

5.7 列表生成式 ★

使用列表生成式（List Comprehension）是为了生成新的列表。

考虑下面的任务，如图 5-6 所示，如何从列表 L 生成列表 M?

```
L --→ [1, 2, 3,  4,  5,  6,  7,  8,  9]
M --→ [1, 4, 9, 16, 25, 36, 49, 64, 81]
```

图 5-6　从列表 L 生成列表 M

如果没有列表生成式，要从列表 L 生成列表 M 的代码如下所示。

```
L = [1, 2, 3, 4, 5, 6, 7, 8, 9]
M = []
for x in L:
    M.append(x*x)
print(M)
```

使用列表生成式后，这一过程就变得非常简单，代码如下所示。

```
L = [1, 2, 3, 4, 5, 6, 7, 8, 9]
M = [x*x for x in L]
print(M)
```

列表生成式还能选择部分数据。如图 5-7 所示，从列表 L 中选择符合条件的数据构成新的列表，这里生成了一个奇数子列表和一个偶数子列表。

图 5-7　从列表 L 中选择符合条件的数据构成新的列表

从列表 L 中生成新的奇数子列表和偶数子列表的代码如下所示。

```
L = [1, 2, 3, 4, 5, 6, 7, 8, 9]
L1 = [i for i in L if i%2==1]      # 奇数子列表 [1,3,5,7,9]
L0 = [i for i in L if i%2==0]      # 偶数子列表 [2,4,6,8]
```

更多列表生成式的示例如下。

```
S = [x**2 for x in range(10)]
V = [2**i for i in range(10)]
# [0, 1, 4, 9, 16, 25, 36, 49, 64, 81]
# [1, 2, 4, 8, 16, 32, 64, 128, 256, 512]
```

列表生成式中的循环还可以嵌套使用，数据类型也不限于数字。

```
print([ s+t for s in ('a', 'b', 'c') for t in ('1','2')])
# ['a1', 'a2', 'b1', 'b2', 'c1', 'c2']
```

下面是一个稍复杂的例子。

```
words = 'The quick brown fox jumps over the lazy dog'.split()
stuff = [[w.upper(), w.lower(), len(w)] for w in words]
for i in stuff:
    print(i)
```

输出结果如下所示。

```
['THE', 'the', 3]
['QUICK', 'quick', 5]
['BROWN', 'brown', 5]
['FOX', 'fox', 3]
['JUMPS', 'jumps', 5]
['OVER', 'over', 4]
['THE', 'the', 3]
```

```
['LAZY', 'lazy', 4]
['DOG', 'dog', 3]
```

下面再给出几个列表生成式的使用示例。

【示例 1】将列表中所有字符串转换为小写。

```
L = ['Hello', 'World', 'IBM', 'Apple']
print([s.lower() for s in L])
# ['hello', 'world', 'ibm', 'apple']
```

【示例 2】从列表中筛选出字符串。

```
L = ['Hello', 'World', 18, 'Apple', None]
print([s.lower() for s in L if isinstance(s, str)])
```

【说明】函数 isinstance 可以判断变量是不是字符串。

水仙花数也可以使用列表生成式来处理，代码如下所示。

```
print([ 100*a+10*b+c
    for a in range(1, 10)  \
    for b in range(0, 10)  \
    for c in range(0, 10)  \
        if a**3+b**3+c**3==100*a+10*b+c])
# [153, 370, 371, 407]
```

除了列表生成式外，还有集合生成式和字典生成式，如下所示。

```
L = [1, 2, 3, 4, 5, 6, 7, 8, 9]
S = {x*x for x in L}
D1 = { x: x*x for x in L}
D2 = { x*x: x for x in L}

# 集合 {64, 1, 4, 36, 9, 16, 49, 81, 25}
# 字典 D1 {1: 1, 2: 4, 3: 9, 4: 16, 5: 25, 6: 36, 7: 49, 8: 64, 9: 81}
# 字典 D2 {1:1, 4:2, 9:3, 16:4, 25:5, 36:6, 49:7, 64:8, 81:9}
```

问：有没有元组生成式?

答：没有元组生成式，圆括号被用于生成器表达式。

5.8 生成器表达式和惰性求值 *

如果列表生成式要处理的序列规模非常大，甚至是无穷序列，并且受到计算机内存容量的限制，就无法直接创建该列表。Python 提供了被称为生成器表达式（Generator Expression）的机制，原理是在循环的过程中不断按需推算出后续的元素，这样就不必创建完整的列表，可以节省大量空间。创建生成器表达式非常简单，只需要将列表生成式中的方括号改为圆括号即可。

下面的代码对比了列表生成式（方括号）和生成器表达式（圆括号）。

```
L = [ x*x for x in range(4)]
G = ( x*x for x in range(4))
print(L, G)
# [0, 1, 4, 9] <generator object <genexpr> at 0x12cefdf10>
```

生成器是无法使用函数 print 输出具体值的，因为生成器是一种算法，也可以被认为是特殊函数。需要调用函数 next 驱动其执行，如下所示。

```
G = ( x*x for x in range(4))
print(next(G))   # 0
print(next(G))   # 1
print(next(G))   # 4
print(next(G))   # 9
```

每次调用 next(G)，就计算出 G 的下一个元素值，直到计算到最后一个元素；当没有更多元素时，则抛出“Stop Iteration”的错误。这种不断调用函数 next 的方式很少用，通常使用 for 循环，因为生成器是可迭代对象，如下所示。

```
G = ( x*x for x in range(4))
for i in G:
    print(i, end=' ')
# 0 1 4 9
```

Python 内置的很多函数都接收可迭代对象，如 sum、max、min。列表和生成器还有一个差别，即列表可以多次使用，生成器只能使用一次。下面的代码展示了两者的差别。

```
G = ( x*x for x in range(4))
print(sum(G))
print(max(G))
```

以上代码的输出如下所示。

```
14
ValueError: max() arg is an empty sequence
```

5.9 小结

- 圆括号、方括号和花括号分别用于表示元组、列表和字典。
- 列表类似数组，用于批量处理数据。
- 使用列表方法 sort 就地排序，使用内置函数 sorted 返回新的列表。
- 元组的特点是只读和组合，常用于打包数据。
- 字典按键取值，键的值具有唯一性。
- 集合最常见的应用场景是去除重复元素和快速检测包含关系。
- 列表生成式能简洁地生成新的列表，还能选择部分数据。
- 集合生成式和字典生成式的功能类似列表生成式，圆括号被用于生成器表达式。

5.10 习题

一、选择题

1. 执行代码 len([1,2,3,None,(),[],])的结果是________。

   A. 3　　　B. 4　　　C. 5　　　D. 6

2. 执行以下代码的结果是________。

```
names = ['Amir', 'Barry', 'Chales', 'David']
names[-1][-1]
```

A. 'David'　　B. ['David']　　C. ['d']　　D. 'd'

3. 执行以下代码的结果是________。

```
names = ['Amir', 'Betty', 'Chales', 'Tao']
names.index("Edward")
```

A. −1　　B. 0　　C. 4　　D. 异常报错

4. 执行以下代码的结果是________。

```
numbers = [1, 2, 3, 4]
numbers.append([5,6,7,8])
len(numbers)
```

A. 4　　B. 5　　C. 8　　D. 12

5. 执行以下代码的结果是________。

```
numbers = [1, 2, 3, 4]
numbers.extend([5,6,7,8])
len(numbers)
```

A. 4　　B. 5　　C. 8　　D. 12

6. 执行以下代码的结果是________。

```
list1 = [1, 2, 3, 4]
list2 = [5, 6, 7, 8]
len(list1 + list2)
```

A. 2　　B. 4　　C. 5　　D. 8

7. 列表 L1=[1,2,3]，则表达式 1+L1 的结果是________。

A. [2,3,4]　　B. [1,1,2,3]　　C. [1,2,4]　　D. 异常

8. 下列代码的输出是什么？________

```
file_list = ['foo.py', 'bar.txt', 'spam.py', 'animal.png', 'test.pyc']
py_list = []
for file in file_list:
    if file.endswith('.py'):
        py_list.append(file)
print(py_list)
```

A. ['foo.py', 'bar.py', 'spam.py', 'animal.py', 'test.py']

B. ['foo.py', 'bar.txt', 'spam.py', 'animal.png', 'test.pyc']

C. ['foo.py', 'spam.py', 'test.pyc']

D. ['foo.py', 'spam.py']

9. 执行以下代码的结果是________。

```
my_tuple = (1, 2, 3, 4)
my_tuple.append( (5, 6, 7) )
```

```
len(my_tuple)
```

A. 2　　B. 5
C. 8　　D. An exception is thrown

10. 执行以下代码的结果是________。

```
t1=(1,2,3,[1,2,3])
t1[-1][-1]=4
t1
```

A. (1, 2, 3, 4)　　B. (1, 2, 3, [1, 2, 4])
C. 异常报错　　D. (1,2,3,[1,2,3],4)

11. 对象 t=(1, 3.7, 5+2j, 'test')，以下操作哪个是正确的？________

A. t.remove(0)　B. t.count()　C. t.sort　D. list(t)

12. 表达式('China',)[0]会返回________。

A. 异常　B. China　C. j　D. ('China')

13. 字典的最大特点是________。

A. 有序存储　B. 键-值对应　C. 成员唯一　D. 可被迭代

14. dict([['one',1],['two',2]])的返回值是________。

A. {'one': 1, 'two': 2}　　B. [{'one': 1, 'two': 2}]
C. {2,3}　　D. ['one','two']

15. 执行以下代码的结果是________。

```
d1= { '1' : 1, '2' : 2 , '3' : 3, '4' : 4, '5' : 5}
d2 = { '1' : 10, '3' : 30 }
d1.update(d2)
sum(d1.values())
```

A. 15　B. 40　C. 51　D. 54

16. 执行以下代码的结果是________。

```
foo = {1:'1', 2:'2', 3:'3'}
del foo[1]
foo[1] = '10'
del foo[2]
len(foo)
```

A. 0　B. 1　C. 2　D. 3

17. 执行以下代码的结果是________。

```
foo = {1,3,3,4}
type(foo)
```

A. set　B. dict　C. tuple　D. object

18. 下面创建集合的语句中错误的是________。

A. s1 = set()　　B. s2 = set("abcd")
C. s3 = {1, 2, 3, 4}　　D. s4 = frozenset(('string') ,(1,2,3))

19. 以下 Python 数据类型中不支持索引访问的是________。

A. 字符串　　B. 列表　　C. 元组　　D. 集合

20. 执行代码 foo = {1,5,2,3,4,2}; len(foo) 的结果是________。

A. 0　　B. 3　　C. 5　　D. 6

二、程序设计题

1. 将数组中的元素逆序存放（P1026）。假设原有数组元素为 3、1、9、5、4、8，逆序存放后，数组元素为 8、4、5、9、1、3。

2. 对 10 个整数排序（P1023）。输入是 10 个整数，输出是排序好的 10 个整数。例如，输入 4 85 3 234 45 345 345 122 30 12，输出结果为 3 4 12 30 45 85 122 234 345 345。

3. 从数组中找出最小的数（P1440）。从 8 个整数中，寻找最小的数并输出。例如，8 个整数为 4、9、12、7、13、88、−6、12，则最小的数为−6。

4. 将数字按照大小插入数组中（P1025）。有一个由小到大排序的含有 9 个元素的数组，输入一个数，要求按原来排序的规律将它插入数组中。例如，原有数组为 1、7、8、17、23、24、59、62、101，插入数字 50，则新的数组应该是 1、7、8、17、23、24、50、59、62、101。

5. 使用列表生成式求 1 ~ n 的平方和（P1105）。输入不超过 100 的正整数，求 $sum=1^2+2^2+3^2+\cdots+n^2$ 的值。例如，输入 3，输出结果为 14。

6. 使用列表生成式求调和级数（P1104）。$H(n)=1/1+1/2+1/3+\cdots+1/n$，这种数列被称为调和级数。输入正整数 n，输出 $H(n)$的值，保留 3 位小数。例如，输入 3，输出结果为 1.833。

7. 计算 n 的所有真因子的和（P1205）。一个整数的“真因子”是指包括 1 但不包括整数自身的因子。例如，6 的真因子是 1、2、3，其和就是 1+2+3=6；12 的真因子是 1、2、3、4、6，其真因子和就是 16。提示：正整数 n 所有可能的真因子是 1 ~ n−1，可以使用循环来选出真因子。

第 6 章

函数

- Python 有哪些内置函数？
- 什么是可选参数？
- 函数何时采用关键字参数传递变量？
- 函数的不定长参数是怎么实现的？
- 怎么把普通函数改写为 lambda 函数？
- 如何识别出程序中的全局变量和局部变量？
- LEGB 原则指的是什么？
- 递归函数有什么特点？

6.1 认识函数

函数是具有特定功能的、可重用的代码，用函数名来表示，并通过函数名实现功能调用。每次使用函数可以提供不同的参数作为输入，以实现对不同数据的处理；函数执行后返回相应的处理结果。函数与“黑盒”类似，能够完成特定功能，使用函数不需要了解函数的内部实现原理，只需要了解函数的输入/输出方式。函数是一种**功能抽象**。使用函数主要有两个目的：降低编程难度和提高代码重用率。

利用函数可以把一个复杂的大问题分解成一系列简单的小问题，然后将小问题继续划分成更小的问题；当问题细化到足够小时，就可以分而治之，为每个小问题编写程序。当各个小问题都解决了，大问题也就迎刃而解了。函数可以在程序的多个位置使用，也可以用于多个程序。当需要修改代码时，只需修改函数内部的代码。代码重用减少了代码行数，降低了代码维护难度。

V6-1 使用函数实现机器翻译

6.1.1 站在巨人的肩膀上：使用函数实现机器翻译

机器翻译是指利用计算机将一种自然语言翻译成另一种自然语言的技术，是一门结合了语言学和计算机科学等学科的交叉学科。认知智能是人工智能的最高阶段，自然语言理解是认知智能领域的“皇冠”。机器翻译这一自然语言处理领域最具挑战性的研究任务，则是自然语言处理领域“皇冠上的明珠”。

下面是一段关于人工智能的文本。

In computer science, artificial intelligence (AI), sometimes called machine intelligence, is intelligence demonstrated by machines, in contrast to the natural intelligence displayed by humans. Colloquially, the term "artificial intelligence" is often

---

used to describe machines (or computers) that mimic "cognitive" functions that humans associate with the human mind, such as "learning" and "problem solving".

那么，如何将上面一段英文文本转换为中文文本呢？可以使用在线翻译工具，如百度翻译、搜狗翻译或者有道翻译等。使用百度翻译对上面的英文文本进行翻译，结果如下。

在计算机科学中，人工智能（人工智能）有时被称为机器智能，是由机器表现出来的智能，而不是由人类表现出来的自然智能。通俗地说，“人工智能”一词经常被用来描述模仿人类与大脑相关的“认知”功能的机器（或计算机），如“学习”和“解决问题”。

可以看出，以上翻译效果已经非常好了。

那又如何批量、自动化处理大量翻译工作呢？可以使用百度的翻译开放平台。下面的代码可以把一段英文文本翻译为中文。

【代码】

```
import json
import requests
import hashlib
import urllib
import random
from http.client import HTTPConnection

def fanyi_baidu(q, fromLang='en', toLang = 'zh'):
    appid = '20180XXXXXXXX7601'        # 开发人员的 appid
    secretKey = 'Vd1np3wXXXXXXXX4kWuV' # 开发人员的密钥
    httpClient = None
    myurl = '/api/trans/vip/translate'
    salt = random.randint(32768, 65536)
    sign = appid+q+str(salt)+secretKey
    m1 = hashlib.md5()
    m1.update(sign.encode())
    sign = m1.hexdigest()
    myurl = myurl+'?appid='+appid+'&q='+urllib.parse.quote(q) \
      +'&from='+fromLang+'&to='+toLang+'&salt='+str(salt)+'&sign='+sign
    r = None
    try:
        httpClient = HTTPConnection('api.fanyi.baidu.com')
        httpClient.request('GET', myurl)
        data = json.loads(httpClient.getresponse().read().decode('utf-8'))
        r = data['trans_result'][0]['dst']
    except Exception as e:
        print(e)
        print("Exception")
    finally:
        if httpClient:
            httpClient.close()
        return r

text = 'In computer science, artificial intelligence (AI), sometimes called machine intelligence,
```

```
is intelligence demonstrated by machines, in contrast to the natural intelligence displayed by humans.
Colloquially, the term "artificial intelligence" is often used to describe machines (or computers) that mimic
"cognitive" functions that humans associate with the human mind, such as "learning" and "problem solving".'
    print(fanyi_baidu(text))
```

以上代码不长，但功能强大，可支持 28 种语言互译，如中文、英语、日语、韩语、西班牙语、法语、泰语、阿拉伯语、俄语、葡萄牙语、德语、意大利语、荷兰语、芬兰语、丹麦语等。

代码中最重要的部分其实是函数的接口，如下所示。

```
fanyi_baidu(q, fromLang='en', toLang = 'zh')
```

从字面上也很好理解，传入待翻译的内容 q，并指定要翻译的源语言 fromLang 和目标语言 toLang，即可得到相应的翻译结果。如果不设置，则源语言默认为英文，目标语言默认为中文。

短短的几十行代码当然无法完整实现机器翻译，其背后还利用了百度提供的云端翻译服务，这实际上是云计算中的软件即服务（Software-as-a-Service，SaaS）模式。当翻译大量文本时，相关服务是要收费的。要成功运行上述代码，开发人员需要申请账户并设置密码，然后替换下面代码中的 appid 和 secretKey。

```
def fanyi_baidu(q, fromLang='en', toLang = 'zh'):
    appid = '20180XXXXXXXX7601'          # 开发人员的 appid
    secretKey = 'Vd1np3wXXXXXXXX4kWuV'  # 开发人员的密钥
```

这个示例展示了函数的强大之处。尽管个人的能力有限，但可以站在巨人的肩膀上，利用开源软件和互联网服务来实现强大的功能。

6.1.2 结构化程序设计方法

结构化程序设计（Structured Programming）思想产生于 20 世纪 60 年代，其最早由荷兰计算机科学家埃德斯·怀贝·迪杰斯特拉（Edsger Wybe Dijkstra）在 1965 年提出，如图 6-1 所示，是软件发展史上重要的里程碑。它的主要观点是采用自顶向下、逐步求精及模块化的程序设计方法，使用 3 种基本控制结构（顺序、分支、循环）构造程序。

图 6-1　埃德斯·怀贝·迪杰斯特拉

结构化程序设计主要强调的是程序的易读性，保证程序的质量，降低软件成本，从而提高软件生产和维护的效率。结构化程序设计的基本思路是把一个复杂问题的求解过程分阶段进行，每个阶段处理的问题都控制在人们容易理解和处理的范围内。

具体来说，采取以下方法来保证得到结构化的程序。

（1）自顶向下，是指模块的划分要从问题的顶层向下逐层分解、逐步细化，直到底层模块的功能达到最简单为止。

（2）逐步求精，是指在将抽象问题分解成若干个相对独立的小问题时，要逐级地由抽象到具体、由粗到细、由表到里进行细化，直到将问题细化到可以用程序的 3 种基本结构来实现为止。

（3）模块化设计，是指将一个复杂的问题或任务分解成若干个功能单一、相对独立的小问题来进行设计，每个小问题就是一个模块，每个模块是由 3 种基本结构组成的程序。模块要简单、功能独立，这样才能使程序具有一定的灵活性和可靠性。

（4）结构化编码，是指限制使用 goto 语句。这与当时提出结构化程序设计的历史背景有关，Python 中已经不存在 goto 语句。

6.1.3 内置函数

Python 内置了 69 个函数，如表 6-1 所示。

表 6-1 Python 的内置函数

abs	dict	help	min	setattr
all	dir	hex	next	slice
any	divmod	id	object	sorted
ascii	enumerate	input	oct	staticmethod
bin	eval	int	open	str
bool	exec	isinstance	ord	sum
bytearray	filter	issubclass	pow	super
bytes	float	iter	print	tuple
callable	format	len	property	type
chr	frozenset	list	range	vars
classmethod	getattr	locals	repr	zip
compile	globals	map	reversed	__import__
complex	hasattr	max	round	breakpoint（从 Python 3.7 版本开始增加了此函数）
delattr	hash	memoryview	set	—

6.1.4 自定义函数

用户自己编写的函数被称为自定义函数。Python 使用关键字 def 定义函数，语法格式如下。

```
def 函数名（参数列表）:
    函数体
```

自定义函数大致可分为两类：没有参数的函数和带参数的函数。

1. 没有参数的函数

没有参数的函数意义在于分解代码，从函数的名称就可以知道函数的主要功能，如下面的函数 hello。

```
def hello() :
    print("Hello World!")

hello()
```

2. 带参数的函数

带参数的函数是函数的主流。下面的两个函数都带有参数。

```
def area(width, height):
    return width * height
```

```
def print_welcome(name):
    print("Welcome", name)

print(area(4, 5))        # 20
print_welcome("Python")  # Welcome Python
```

【说明】

（1）函数 area 使用关键字 return 返回计算结果。程序执行到 return 语句时，会退出函数，return 后面的语句不再执行。

（2）函数 print_welcome 没有使用 return 语句，相当于返回 None，返回类型是 NoneType。

在 Python 中，有时会看到使用 pass 语句的函数，如下所示。

```
def sample():
    pass
```

pass 是 Python 的关键字，用于占位。当没有定义函数的内容时，可以用 pass 填充，使程序可以正常执行。

6.2 函数的参数

Python 的函数参数非常灵活，下面通过 4 个方面来介绍。

6.2.1 可选参数和默认值

在调用内置函数的时候，往往会发现很多函数提供了默认值。默认值为程序人员提供了极大的便利，对初次接触该函数的人来说，更是意义重大。Python 内置的排序函数 sorted 就提供了默认值。图 6-2 展示了使用函数 sorted 中的可选参数和默认值对列表进行由小到大排序和由大到小排序的用法。

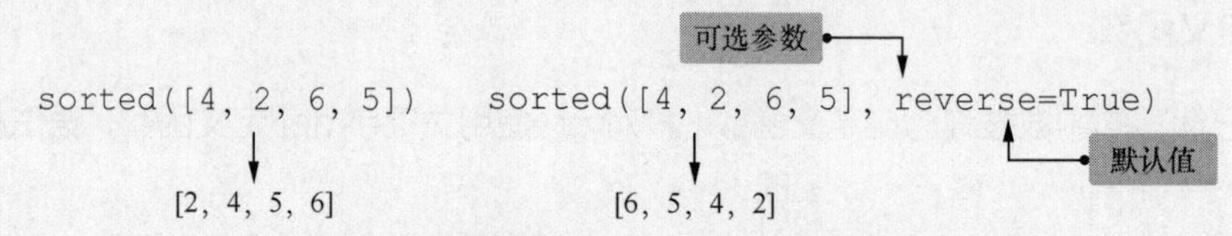

图 6-2　使用函数 sorted 中的可选参数和默认值

该函数的设计者认为由小到大的排序方式更为常用，如果不加说明，就按照此方式排序。参数 reverse 的含义是反转，默认值为 False，也就是说，通常情况下不用反转。如果函数的使用者把 reverse 设置为 True，就认为有必要反转，也就是按照由大到小的方式来排序。

对于开发者而言，设置默认参数能让他们更好地控制软件。如果提供了默认参数，开发者能设置期望的“最好”默认值；用户能避免初次使用便需要设置一大堆参数的窘境。

下面再给出两个内置函数的示例。

```
# int(x, base=10) -> integer
print( int('0b0100', base=2) )  #   4

# pow(x, y, z=None, /)
# Equivalent to x**y (with two arguments) or x**y % z (with three arguments)
```

```
print( pow(2, 8) )            # 256
print( pow(2, 8, 100) )       #  56
```

默认情况下，函数 int 认为需要转换的类型采用十进制，因为这里需要采用二进制，所以要明确指定。函数 pow 的第 3 个参数是取余运算，2 的 8 次方是 256，256 对 100 取余，结果为 56。

6.2.2 位置参数调用

位置参数调用是函数调用最常用的方式，函数的参数严格按照函数定义时的位置调用，顺序不可以调换，否则会影响输出结果或者直接报错。如函数 range(start, stop[, step])定义的 3 个参数须按照顺序调用，代码如下所示。

```
list(range(1, 10, 2))
# [1, 3, 5, 7, 9]
```

【说明】位置参数调用适合在函数参数较少的情况下使用。

6.2.3 关键字参数调用

下面先来看一个很常用的函数——打开文件函数 open。在米筐 Notebook 中，输入 open?可以看到这个函数的详细用法，如下所示。

```
open(file, mode='r', buffering=-1, encoding=None,
     errors=None, newline=None, closefd=True, opener=None)
```

在大多数情况下，读取文本文件时，只需要输入 f = open('abc.txt')就能够完成打开文件的操作。

如果有一个名为 text-GBK.txt 的文件采用的是 GBK 编码，而不是 Python 默认的 UTF-8 编码，这时就需要设置参数 encoding，其他参数无须设置，代码如下所示。

```
txt = open('data/text-GBK.txt', encoding='GBK').read()
print(txt)  # 中国
```

以上参数调用方式称为关键字参数调用。使用关键字参数时，允许不按照位置使用参数，因为解释器会根据关键字匹配。关键字参数也可以与位置参数混用，但关键字参数必须跟在位置参数后面，否则会报错。上述代码添加参数'r'后的代码如下所示。

```
txt = open('data/text-GBK.txt', 'r', encoding='GBK').read()
print(txt)
```

根据函数的说明，第 2 个参数是 mode，也就相当于 mode='r'。如果交换最后两个参数的顺序，会给出如下提示。

```
SyntaxError: positional argument follows keyword argument
# 语法错误：位置参数跟随关键字参数
```

【说明】函数的参数非常多时，只需要指定其中少数参数，其他参数采用默认值。

V6-2 不定长参数

6.2.4 不定长参数

Python 中的内置函数 max 就是可以接收多个参数的函数，如下所示。

```
print(max(3, 4))            # 4
print(max(3, 4, 6, 1))      # 6
print(max(3, 4, 6, 1, 9))   # 9
```

Python 实现不定长参数采用两种方式：参数打包为元组和参数打包为字典。

1. 参数打包为元组

Python 实现不定长参数的最常见方式是将多个参数打包成元组。下面示例中通过在函数 mysum 的参数前面添加单个星号来表示参数 args 的类型为元组，第 2 行的代码使用 print 语句证实了这一点。

```
def mysum(*args):
    print(type(args))   # < class 'tuple' >
    sum = 0
    for x in args:
      sum += x
    return sum

print(mysum(1, 2, 3))   # 6
```

在函数调用时，Python 会将所有未能匹配的实参（调用函数时实际传入的值）打包成元组提供给带星号的形参（出现在函数定义中的名称）。在一个函数中，只能有一个带星号形参。通过这种机制，可以实现接收任意多个实参的函数。

函数还可以设计成必须有 1 个参数，其他参数可选，代码如下所示。

```
def printinfo(arg1, *vartuple ):
    "This prints a variable passed arguments"
    print("Output is: ")
    print(arg1)
    print(type(vartuple))
    for var in vartuple:
        print(var)
    return;

# Now you can call printinfo function
printinfo( 10 )
printinfo( 70, 60, 50 )
```

2. 参数打包为字典

定义函数时，形参以两个星号开头来表示参数类型为字典，参数形式为“键=值”，可接收连续的任意多个键-值对参数。在下面的代码中，函数 fun 的实参会被打包成字典后再传递给形参 kwargs。

```
def fun(**kwargs):
    print(type(kwargs))
    for key in kwargs:
        print("%s = %s" % (key, kwargs[key]))

# Driver code
fun(name="Eric", ID="101", language="Python")
```

程序运行的输出结果如下所示。

```
<class 'dict'>
name = Eric
language = Python
ID = 101
```

【说明】实现不定长参数有两种方式：将多个变量打包为元组和将多个键-值对打包为字典。

6.3 函数式编程和高阶函数

V6-3 函数式编程和高阶函数

函数式编程（Functional Programming）是一种“编程范式”（Programming Paradigm），也就是如何编写程序的方法论。函数式编程的特点是允许把函数本身作为参数传入另一个函数，还允许返回一个函数，其思想更接近数学计算。

纯粹的函数式编程语言编写的函数没有变量。对于任意一个函数，只要输入是确定的，输出就是确定的，这种纯函数没有副作用。而允许使用变量的程序设计语言，由于函数内部的变量状态不确定，同样的输入可能得到不同的输出，因此，这种函数是有副作用的。由于 Python 允许使用变量，因此 Python 不是纯函数式编程语言。

在函数式编程中，可以将函数当作变量一样自由使用。一个函数接收另一个函数作为参数，这种函数称为**高阶函数**（Higher-order Functions）。Python 内置函数 max 和 min 就是高阶函数。

函数 max 最常用的场景如下所示。

```
L = [2, 3, -4, 1]
print(max(L))       # 3
```

但函数 max 的功能不止于此。函数 max 还提供了参数 key，用于改变评价最大值的标准，如查看列表中数的绝对值，而不是看数字本身。按照这个标准，最大值应该是-4，代码如下所示。

```
L = [2, 3, -4, 1]
print(max(L, key=abs))      # -4
```

这里，由于函数 max 的第 2 个参数是函数类型，因此 max 是高阶函数，如图 6-3 所示。

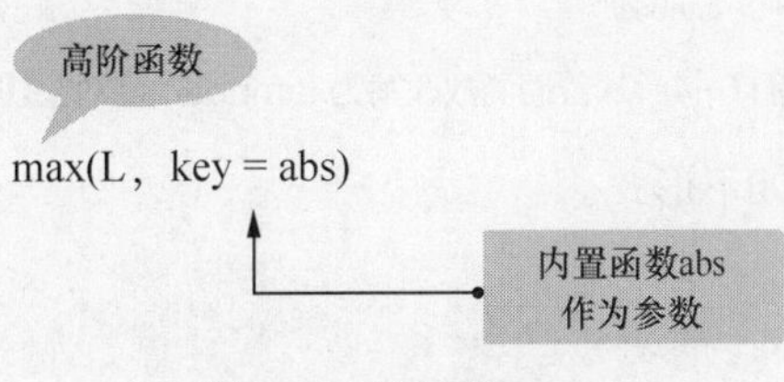

图 6-3　高阶函数 max

求绝对值的函数在系统中已经存在，不需要用户编写。如果评价标准没有对应的现成函数（如获取数字的个位数的函数），则需要定义一个新函数来实现，代码如下所示。

```
def last_digit(n): return n % 10

L = [12, 3, 4, 6]
print(max(L, key = last_digit))      # 6
```

设计一个高阶函数很容易，下面的代码实现了根据变量的绝对值来求和。

```
def add(x, y, f):         # 高阶函数 add
    return f(x) + f(y)

print(add(3, -4, abs))    # 7
```

如果把参数 f 设置为可选参数，不指定 f 则按照正常加法来计算，可把代码扩展如下。

```
def add(x, y, f=None):
    if f==None:
        return x + y
    else:
        return f(x) + f(y)

print(add(3, -4))          # -1
print(add(3, -4, abs))     # 7
```

【说明】把函数作为参数传入另一个函数，被传入参数的函数称为高阶函数。内置库中的 sum、max、min 都是高阶函数。

6.4 匿名函数：lambda 函数 ★

V6-4 匿名函数：lambda 函数

在前文的示例中，函数 last_digit 只是一个临时编写的函数，在示例中只使用了一次。为了让代码更加简洁，很多程序设计语言提供了匿名函数，即 lambda 函数。

如图 6-4 所示，函数 last_digit 如果没有了名称，再去掉关键字 def 和 return（图 6-4 中做了淡化处理），剩下最核心的内容就是输入和输出，也就是 n:n%10。在此基础上，为这类不需要函数名的函数添加统一的名称 lambda，就变成了 lambda n:n%10。

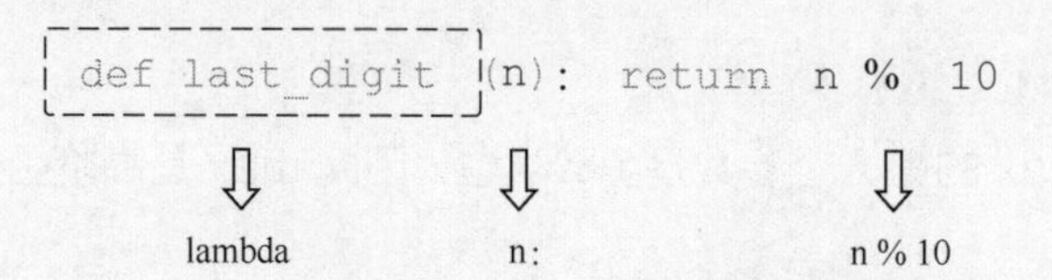

图 6-4 从普通函数改写为 lambda 函数的过程

前文的示例就可以改写为如下形式。

```
L = [12, 3, 4, 6]
print(max(L, key = lambda n : n%10 ))      # 6
```

这种变化其实与省略命名新变量的出发点是一致的，即让代码简洁、清晰。此外，其还带来了额外的优势：少了一个函数名，降低了命名冲突的可能性。

下面的代码分别使用了普通的函数调用和 lambda 函数调用，二者作用是一样的。

```
def last_digit(n): return n % 10  # 方式 1
print(last_digit(123))            # 3

print( (lambda n : n%10)(123) )   # 方式 2
```

【说明】lambda 仅限于表达式，是为编写简单的函数而设计的；而 def 用来处理更大型的任务。

6.5 常用高阶函数

Python 有 3 个常用的高阶函数 map、reduce 及 filter，下面分别对其进行介绍。

6.5.1 函数 map：映射函数到序列

程序常需要对列表和其他序列中的每一个元素进行某个操作并将结果保存为新的序列。例如，如图 6-5 所示，计算一组数字的平方，形成一个序列。

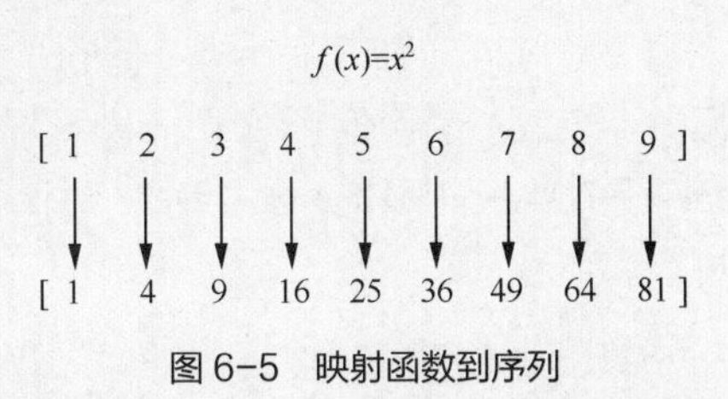

图 6-5 映射函数到序列

【代码】

```
L = []
for i in range(1, 10):
    L.append(i*i)
print(L)
# [1, 4, 9, 16, 25, 36, 49, 64, 81]
```

因为这是一个常见的操作，所以 Python 提供了内置函数 map 来完成该操作。函数 map 会对一个序列对象中的每一个元素应用被传入的函数，并且返回函数调用结果的迭代器，代码如下所示。

```
def f(x): return x**2

print(list(map(f, range(1, 10))))

# [1, 4, 9, 16, 25, 36, 49, 64, 81]
```

使用 lambda 函数显得更为简洁，代码如下所示。

```
list(map(lambda x: x**2, range(1, 10)))
```

函数 map 的返回值类型是迭代器，列表生成式的返回值类型是列表，对比代码如下所示。

```
print(list(map( lambda x: x**2, range(1, 10))))
print(list(x**2  for x in range(1, 10)))
# [1, 4, 9, 16, 25, 36, 49, 64, 81]
# [1, 4, 9, 16, 25, 36, 49, 64, 81]
```

6.5.2 函数 reduce：归约计算

函数 reduce 会对参数序列中的元素进行归约计算。该函数对一个序列中的所有数据执行下列操作：用传递给函数 reduce 的函数（这里是实现加法功能的 lambda 函数）操作序列中的第 1、2

个元素，得到的结果再与第 3 个元素进行运算，依此类推，直至最后得到一个结果。这种操作称为归约计算。图 6-6 展示了归约计算的操作过程。

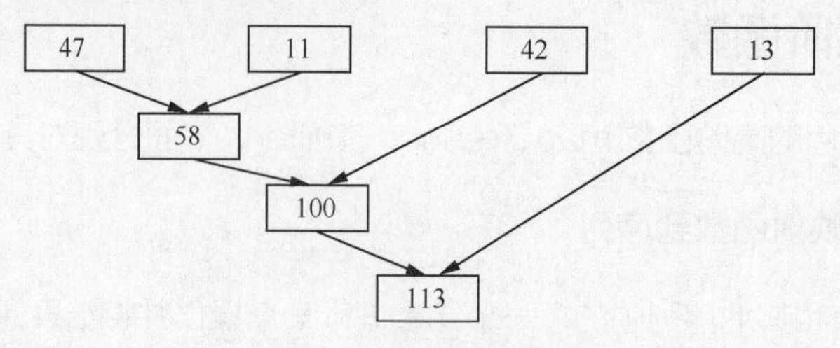

图 6-6　归约计算的操作过程

相应的代码如下所示。

```
from functools import reduce
print(reduce(lambda x, y: x+y, [47,11,42,13]))     # 113
```

下面是使用 reduce 的示例。

```
from functools import reduce
print(reduce(lambda x, y : x*y, range(1,6)))       # 120
f = lambda a,b: a if (a > b) else b
print(reduce(f, [47,11,42,102,13]))                # 102
print(reduce(lambda x, y: x+y, range(1,101)))      # 5050
```

6.5.3　函数 filter：过滤序列

函数 filter 用于过滤序列。该函数将传入的函数依次作用于每个元素，然后根据返回值是 True 还是 False，决定是保留还是丢弃该元素。

下面的示例代码过滤出了 0～9 之间的奇数。

```
def is_odd(n):
    return n % 2 == 1

L = list(filter(is_odd, range(10)))
print(L)
# [1, 3, 5, 7, 9]
```

函数 filter 返回的是迭代器，输出需要先转换为列表或元组。

将上述代码使用 lambda 函数表示，代码如下所示。

```
list(filter(lambda n : n % 2 == 1, range(10)))
# [1, 3, 5, 7, 9]
```

下面的例子是从列表 a 和 b 中筛选出共有元素，代码如下所示。

```
a = [1, 2, 3, 5, 7, 9]
b = [2, 3, 5, 6, 7, 8]
list(filter(lambda x: x in a, b))
# [2, 3, 5, 7]
```

上述例子也可以使用列表生成式来完成，代码如下所示。

```
a = [1, 2, 3, 5, 7, 9]
b = [2, 3, 5, 6, 7, 8]
[x for x in a if x in b]
# [2, 3, 5, 7]
```

6.6 递归 *

递归方法是指在程序中不断反复调用自身来求解问题的方法。这里强调的重点是调用自身，所以需要等待求解的问题能够分解为相同问题的一个子问题。这样通过多次递归调用，便可完成求解。

6.6.1 递归方法和递归函数

递归方法的具体实现过程一般通过函数（或子过程）来完成。在函数（或子过程）的内部，编写代码直接或者间接地调用函数（或子过程）自身，即可完成递归操作。这种函数也称为“递归函数”。在递归函数中，主调函数同时又是被调函数。执行递归函数将反复调用其自身，每调用一次就进入新的一层。

在使用递归方法解决问题时，需要注意以下几点。

（1）在使用递归方法时，必须有一个明确的递归结束条件，称为递归出口。

（2）递归方法解题通常显得很简洁，但递归方法解题的执行效率较低。

（3）在递归调用的过程中，系统将每一次递归调用的返回点、局部变量等保存在系统的栈中。当递归调用的次数太多时，就可能造成栈溢出错误。

6.6.2 递归入门：斐波那契数列和计算嵌套数字列表中所有数字之和

【任务 1】斐波那契数列。编写程序，输出斐波那契数列的第 40 个数 $F(40)$。

斐波那契数列指的是这样的一个数列：0,1,1,2,3,5,8,13,21,…。在现代物理、化学等领域，斐波那契数列都有直接的应用。在数学领域，斐波那契数列可以通过递归的方法定义：$F(0) = 0$, $F(1) = 1$, $F(n) = F(n-1) + F(n-2)$（$n \geqslant 2, n \in \mathbf{N}$）。

【方法】斐波那契数列有着明显的递归结构，可使用递归函数来实现。

【代码】

```
def fib(n):
    if n <= 1:
        return n
    return fib(n-1) + fib(n-2)


print(fib(35))   # 9227465
```

为什么这里只计算到 35，而没有求第 40 个数？这是由于计算 fib(35)就已经花了很多时间了。究竟花了多少时间，可以使用 time 模块中的函数 clock 来计时。

```
import time
t0 = time.clock()   # 计时开始
result = fib(35)    # 计算
t1 = time.clock()   # 计时结束
```

```
print("fib({0}) = {1}, ({2:.2f} secs)".format(n, result, t1-t0))
# fib(35) = 9227465, (4.20 secs)  在不同配置的计算机上时间略有差别
```

对于这种简单的递归计算，时间是指数级增长的，计算 fib(40)需要花更多时间。在 6.7 节“变量的作用域”中，会给出改进的递归计算方法。

【任务 2】计算嵌套数字列表中所有数字之和。列表为[2, 4, [11, 13], 8]。

Python 提供了内置函数 sum 来计算序列中所有数字之和，但如果列表中的元素也是列表，函数 sum 就无法处理了，强制运行会出现下面的错误。

```
sum([2, 4, [11, 13], 8])

TypeError: unsupported operand type(s) for +: 'int' and 'list'
```

由于[11, 13]的类型是列表，加法运算符“+”无法支持整数和列表的混合运算，所以产生了类型错误 TypeError。

【方法】要解决这个问题，首先要清晰地了解“嵌套数字列表”的定义。嵌套数字列表是这样的列表，它的元素组成有两种可能：数字；嵌套数字列表。嵌套数字列表用于自身的定义，体现了典型的递归特性。编写函数 r_sum 来计算嵌套数字列表中所有数字之和。

【代码】

```
def r_sum(nested_list):
    tot = 0
    for e in nested_list:
        if type(e) == type([]):
            tot += r_sum(e)
        else:
            tot += e
    return tot

print(r_sum([2, 4, [11, 13], 8]))  # 38
```

6.6.3 经典问题：汉诺塔问题

【任务】解决汉诺塔问题。

有 A、B、C 3 个座，开始时 A 座上有 64 个盘子，盘子大小不等，大的在下，小的在上。有一个老和尚想把这 64 个盘子从 A 座移到 C 座，但规定每次只允许移动一个盘子，且在移动过程中 3 个座上都始终保持大盘在下，小盘在上；在移动过程中可利用 B 座。请编写程序输出移动这些盘子的详细步骤。

【方法】解决这个问题的关键是清晰地定义函数，然后采用递归。

首先定义两个函数。

（1）move(src, dst)：把盘子从位置 src 移动到位置 dst。函数 move 非常简单，在这里起的作用是输出移动步骤，类似于注释，增强代码的可读性。

（2）hanoi(n, one, two, three)：将 n 个位置 one 上的盘子借助于位置 two 移动到位置 three。

递归由递归出口和递归式子组成。在汉诺塔问题中，递归出口就是一个盘子的解决办法，递归式子是定义如何将搬动 n 个盘子的问题简化为搬动 $n-1$ 个盘子。汉诺塔的递归解法可以归纳出 3 个步骤。

（1）把 $n-1$ 个盘子从位置 one 借助于位置 three 移动到位置 two。

（2）把第 n 号盘子从位置 one 移动到位置 three。

（3）把 $n-1$ 个盘子从位置 two 借助于位置 one 移动到位置 three。

【代码】

```
def move(src, dst):
    print("move %s -> %s" %(src, dst))


def hanoi(n, one, two, three):
    if n==1:
        move(one, three)
    else:
        hanoi(n-1, one, three, two)
        move(one, three)
        hanoi(n-1, two, one, three)


hanoi(3, 'A', 'B', 'C')
```

【说明】主函数 main 调用了递归函数 hanoi，表示初始时有 3 个盘子，目标是把 A 座上的盘子借助于 B 座移到 C 座。

3 层汉诺塔问题的输出如下所示。

```
move A -> C
move A -> B
move C -> B
move A -> C
move B -> A
move B -> C
move A -> C
```

在盘子数 $n=3$ 时，共需要 7 个步骤；在 $n=4$ 时，共需要 15 个步骤。一般来说，当盘子数为 n 时，需要 2^n-1 个步骤，可以使用数学归纳法证明该规律。

6.7 变量的作用域 *

根据程序中变量所在的位置和作用范围，变量分为局部变量和全局变量。局部变量仅在函数内部使用，作用域也在函数内部；全局变量的作用域跨越多个函数。下面通过示例来了解全局变量的作用。

6.7.1 函数被调用次数的确定

如果想看看递归实现的斐波那契函数被调用了多少次，可以使用下面的代码。

```
c = 0    # c是全局变量

def fib(n):
    global c    # 关键字global不能省略
    c = c + 1
    if (n==0 or n==1): return n
    return fib(n-1) + fib(n-2)

print(fib(10))   # 55
print(c)         # 177
print(fib(30))   # 832040
print(c)         # 2692714
```

这里使用了变量 c 来保存函数被调用的次数。由于变量 c 定义在函数 fib 的外部，是不可变对象，因此若需要在函数内部修改，则添加关键字 global。如果少了这一行，就会出现下面的错误说明。

```
UnboundLocalError: local variable 'c' referenced before assignment
```

程序运行结果分析：函数 fib 被调用的次数差不多是相应的斐波那契值的 3 倍，而斐波那契序列本身呈指数式增长。由此可见，直接采用递归的计算效率极低。当求解 fib(40)时，就会陷入漫长的等待。

针对这种情况，有两种优化方案：使用全局字典和使用内嵌函数。

6.7.2 斐波那契函数优化 1：全局字典

在计算过程中，如果把已经求出的值用字典保存下来，只计算在当前字典中不存在的值，这样就能大大提高计算的效率。根据这一思路，可以写出下面的代码。

```
memo = {0:0, 1:1}

def fib(n):
    if (n in memo): return memo[n]
    memo[n] = fib(n-1) + fib(n-2)
    return memo[n]

print(fib(30))    # 832040
print(fib(100))   # 354224848179261915075
```

这里采用了全局变量 memo（类型是字典）来保存已经计算出来的值，避免了大量重复调用。这种方法体现了**动态规划**的思想，通过避免大量子问题的重复计算来提高计算效率。由于 memo 的类型是字典，属于可变对象，因此在函数 fib 内部可直接修改，不需要使用 global 关键字。

6.7.3 斐波那契函数优化 2：内嵌函数

为了避免使用全局变量，可以使用内嵌函数，代码如下所示。

```
def fib(n):
    def fib_memo(n):
        if n in memo: return memo[n]
```

```
        memo[n] = fib_memo(n-1) + fib_memo(n-2)
        return memo[n]

    memo = {1: 1, 2: 1}
    return fib_memo(n)

print(fib(100))  # 354224848179261915075
```

6.7.4 LEGB 原则

变量的作用域决定了程序的哪一部分可以访问哪个特定的变量名称。Python 的作用域一共有 4 种，遵循 LEGB 原则，如表 6-2 所示。

表 6-2　　Python 的作用域

缩　写	作 用 域	说　明
L	Local	本地作用域，包括局部变量和参数
E	Enclosing locals	当前作用域被嵌入的本地作用域，常见的是闭包函数的外层函数
G	Global	全局作用域
B	Built-in	内置作用域

Python 中的变量采用 L→E→G→B 的规则查找，即 Python 在查找变量的时候，会优先在本地作用域查找，如果没有找到，便会去当前作用域被嵌入的本地作用域查找（例如，闭包函数的外层函数），再找不到就会去全局作用域中查找，最后是内置作用域。

6.8 小结

- 函数的两个功能是降低编程难度和提高代码重用率。
- 实现不定长参数有两种方式：将多个变量打包为元组和将多个键-值对打包为字典。
- 接收另一个函数作为参数的函数被称为高阶函数，内置函数 max 就是高阶函数。
- lambda 为编写简单的函数而设计，仅限于表达式；def 用来处理更大型的任务。
- 常用的高阶函数有 map、reduce 及 filter。
- Python 中的变量采用 L→E→G→B 的规则查找。

6.9 习题

一、选择题

1. 在 Python 中，与函数定义相关的保留关键字是________。

   A. exec　　B. eval　　C. def　　D. class

2. 下列有关函数的说法，哪个是不正确的？________

   A. 函数是代码功能的一种抽象　　B. 函数是代码逻辑的封装

   C. 函数是计算机对代码执行优化的要求　　D. 函数是具有特定功能的代码块

3. 以下哪个不是函数的作用？________

A. 降低编程复杂度　　B. 增强代码可读性

C. 提高代码执行速度　　D. 复用代码

4. 下面定义了函数 func，哪种说法不正确？________

```
def func(a, b):
    c = a**2 + b
    b = 100
    return c

a = 10
b = 100
c = func(a, b) + a
print('a = ', a)
print('b = ', b)
print('c = ', c)
```

A. 该函数执行后，变量 a 的值为 10

B. 该函数执行后，变量 b 的值为 100

C. 该函数执行后，变量 c 的值为 200

D. 该函数 func 本次的传入参数均为不可变类型的数据对象

5. 如果一个函数没有 return 语句，则调用它后的返回值为________。

A. 0　　B. True　　C. False　　D. None

6. 如果一个函数没有 return 语句，则调用它后的返回值的类型为________。

A. bool　　B. function　　C. None　　D. NoneType

7. 定义函数时的参数是________。

A. 实参　　B. 引用　　C. 形参　　D. 对象

8. 关于形参和实参的描述，以下选项中正确的是________。

A. 程序在调用时，将实参复制给函数的形参

B. 参数列表中给出要传入函数内部的参数，这类参数称为形式参数，简称形参

C. 函数定义中参数列表的参数是实际参数，简称实参

D. 程序在调用时，将形参复制给函数的实参

9. 执行以下代码的结果是________。

```
def dosomething(param1, *param2):
    print (param2)
dosomething('apples', 'bananas', 'cherry', 'kiwi')
```

A. ('bananas')　　B. ('bananas', 'cherry', 'kiwi')

C. ['bananas', 'cherry', 'kiwi']　　D. param2

10. 执行以下代码的结果是________。

```
def myfoo(x, y, z, a):
    return x + z

nums = [1, 2, 3, 4]
myfoo(*nums)
```

A. 3　　B. 4　　C. 6　　D. 10

11. 关于函数的关键字参数使用限制，以下选项中描述错误的是________。

A. 关键字参数顺序无限制　　B. 不得重复提供实际参数

C. 关键字参数必须位于位置参数后　　D. 关键字参数必须位于位置参数前

12. 对函数式编程思想的理解中，不正确的是________。

A. 函数式编程是一种结构化编程范式

B. 函数是第一等（first class）“公民”，是指它享有与变量同等的地位

C. 函数式编程中，变量不可以指向函数

D. 高阶函数可以接收另一个函数作为输入参数

13. 代码 sorted([15, 'china', 407], key=lambda x: len(str(x)))返回为________。

A. [15,407,'china']　　B. ['china',407,15]

C. ['china',15,407]　　D. [15,'china',407]

14. 关于 lambda 函数，以下选项中描述错误的是________。

A. lambda 不是 Python 的关键字

B. lambda 函数将函数名作为函数结果返回

C. 定义了一种特殊的函数

D. lambda 函数也称为匿名函数

15. 代码 f=lambda x,y:y+x; f(10,10)的输出结果是________。

A. 20　　B. 100　　C. 10,10　　D. 10

16. 执行以下代码的结果是________。

```
values = [2, 3, 2, 4]
def my_transformation(num):
    return num ** 2
for i in  map(my_transformation, values):
    print (i)
```

A. 2,3,2,4　　B. 4,6,4,8

C. 4,5,4,6　　D. 4,9,4,16

17. 表达式 list(map(lambda x:x*2, [1,2,3,4,'hi']))的返回值是________。

A. [1,2,3,4,'hi']　　B. [2, 4, 6, 8, 'hihi']

C. [2, 4, 6, 8, 'hi','hi']　　D. 异常

18. 以下选项中，对于递归程序的描述错误的是________。

A. 递归程序都可以有非递归编写方法　　B. 执行效率高

C. 书写简单　　D. 一定要有基例

19. 递归函数的特点是________。

A. 函数名称作为返回值　　B. 函数内部包含对本函数的再次调用

C. 包含一个循环结构　　D. 函数比较复杂

20. 使用函数________可以查看包含当前作用域内所有局部变量和值的字典。

A. locals()　　B. globals()　　C. dir()　　D. help()

21. 以下 Python 代码输出为________。

```
a_var = 'global value'
def outer():
    a_var = 'enclosed value'
    def inner():
        a_var = 'local value'
        print(a_var)
    inner()
outer()
```

A. global value　　B. enclosed value
C. local value　　D. 均不是

22. 以下哪个选项是正确的 Python 搜索变量的顺序？________

A. 内置作用域→全局作用域→当前作用域被嵌入的本地作用域→本地作用域
B. 本地作用域→当前作用域被嵌入的本地作用域→内置作用域→全局作用域
C. 本地作用域→内置作用域→当前作用域被嵌入的本地作用域→全局作用域
D. 本地作用域→当前作用域被嵌入的本地作用域→全局作用域→内置作用域

二、程序设计题

1. 编写函数，求 3 个整数的最大值（P1006），函数原型为 def max3(a, b, c)。
2. 编写函数，求 1～n之和（P1086），函数的原型为 def sum_n(n)。
3. 编写函数，函数原型为 def f(x)，求 $f(x)$的值（P1007）。函数的定义如下所示。

$$f(x)=\begin{cases} x & x<1 \\ 2x-1 & 1\leqslant x<10 \\ 3x-11 & x\geqslant 10 \end{cases}$$

4. 求指定区间的素数之和（P1079）。输入两个正整数 m 和 n(m<n)，求 m～n之间（包括 m和 n）所有素数的和，要求定义并调用函数 is_prime(x)来判断 x 是否为素数（素数是除 1 以外只能被自身整除的自然数）。例如，输入 1 和 10，那么这两个数之间的素数有 2、3、5、7，其和是 17。

5. 列表 L = [(92,88), (79,99), (84,92), (66, 77)]有 4 项数据，每项数据表示学生的语文和数学成绩，求数学成绩最高的学生的成绩。提示：应用函数 max，然后设计 lambda 函数来实现，max(L, key=lambda________)。

6. 计算阿克曼函数的值（P1301）。20 世纪 20 年代后期，数学家戴维·希尔伯特（David Hilbert）的学生加布里埃尔·苏丹（Gabriel Sudan）和威廉·阿克曼（Wilhelm Ackermann），在研究计算的基础。苏丹发明了一个递归但却非原始递归的函数 Sudan。1928 年，阿克曼又独立想出了另一个递归但却非原始递归的函数，它需要两个自然数作为输入值，输出一个自然数。它的输出值增长速度非常快，仅是（4,3）的输出值已大得不能准确计算。阿克曼函数定义如下，输入参数为两个整数，第 1 个整数不大于 4，第 2 个整数不大于 3。

$$A(m,n)=\begin{cases} n+1 & m=0 \\ A(m-1,1) & m>0, n=0 \\ A(m-1, A(m,n-1)) & m>0, n>0 \end{cases}$$

例如，输入两个整数，中间以空格符分开，则输出结果为这两个整数的参数值。

第 7 章 文件操作

- 什么是文件?
- 常用的中文编码方式有哪些?
- 读取 CSV 文件有哪几种方式?
- 如何把文件夹打包为.zip 格式的文件?
- 如何发布包?

7.1 认识文件

文件系统是操作系统的重要组成部分。例如，在 Windows 操作系统中，打开“资源管理器”，就可以看到许多文件。每个文件都有文件名，并且有自己的属性。有很多工具可以查看文件内容。

7.1.1 文本文件和二进制文件

根据文件的组织形式，文件可分为文本文件和二进制文件，它们是两种常用的文件形式。

1. 文本文件

文本文件（Text File）是指某个字符集中的字符序列，采用统一编码格式，如 ASCII、UTF-8、GBK 等。C/C++、Java、Python 等的源程序文件、网页 HTML 文件或 XML 文件都是文本文件。

文本文件可以通过 Windows 中的“记事本”等工具打开，直观、易理解。

2. 二进制文件

二进制文件（Binary File）是指内容为任意二进制编码的文件，没有行的概念。二进制文件通常由具体程序生成，具有特殊的内部结构，专供这种程序或其他相关程序使用。

Python 具有强大的生态系统，通过使用第三方库，可以处理图片、PDF 文件、Word 文件、Excel 文件等各种二进制文件。本章主要介绍使用 Python 处理各类文本文件。

7.1.2 常用的中文编码格式

Python 以 Unicode 作为字符集，可以处理各种文本文件，包括含数字、英文字母及基本标点符号的文件，也可以处理包含中文的文件。

Python 在处理中文文本文件时，往往会出现乱码，这是由于没有使用正确的编码格式来打开文件。中文的编码格式主要有以下几种类型。

（1）GB2312—80 编码：即《信息交换用汉字编码字符集基本集》，于 1980 年由国家标准总局发布。GB2312—80 编码使用两字节表示一个汉字，所以理论上最多可表示 256×256=65536 个汉字。但实际上 GB2312—80 编码基本集共收录汉字 6763 个和非汉字图形字符 682 个。GB2312—80 编码通用于中国大陆。

（2）GBK 编码：汉字内码扩展规范，K 为“扩展”的汉语拼音中“扩”字的声母，汉字内码扩展规范的英文全称为 Chinese Internal Code Specification。GBK 编码标准兼容 GB2312—80，共收录 21003 个汉字、883 个符号，并提供 1894 个造字码位，简、繁体字融于一库。

（3）UTF-8 编码：UTF-8 为 8-bit Unicode Transformation Format 的缩写，它是一种针对 Unicode 的可变长度字符编码，又称万国码。Unicode 是为了突破传统字符编码方案的局限而产生的，它为每种语言中的每个字符设定了统一且唯一的二进制编码，以满足跨语言、跨平台进行文本转换和处理的要求。

（4）BIG-5 编码：繁体中文汉字字符集，其中繁体汉字 13053 个，并有 808 个标点符号、希腊字母及特殊符号。因为 BIG-5 的字符编码范围同 GB2312 字符的存储码范围存在冲突，所以在同一正文中不能使用这两种字符集的字符。

7.2 文本文件的读/写操作

读/写文件是最常见的 IO 操作。Python 内置了读/写文件的函数，这些函数的调用方式和 C 语言兼容。现代操作系统不允许普通程序直接操作磁盘，读/写文件的功能其实是由操作系统提供的。所以读/写文件就是请求操作系统打开一个文件对象（通常称为文件描述符），然后通过操作系统提供的接口从这个文件对象中读取数据（读文件），或者把数据写入这个文件对象（写文件）。

Python 的文件内容读取方法如表 7-1 所示。

表 7-1　　Python 的文件内容读取方法

方　法	含　义
<file>.readall()	读入整个文件内容，返回一个字符串或字节流
<file>.read(size=-1)	从文件中读入整个文件内容，如果给出参数，则读入前 size 长度的字符串或字节流
<file>.readline(size=-1)	从文件中读入一行内容，如果给出参数，则读入该行前 size 长度的字符串或字节流
<file>.readlines(hint=-1)	从文件中读入所有行，以每行为元素形成一个列表，如果给出参数，则读入 hint 行

Python 的文件内容写入方法如表 7-2 所示。

表 7-2　　Python 的文件内容写入方法

方　法	含　义
<file>.write(s)	向文件写入一个字符串或字节流
<file>.writelines(lines)	将一个元素为字符串的列表写入文件

续表

方　法	含　义
<file>.seek(offset)	改变当前文件操作指针的位置，offset 的值： 0 代表文件开头；1 代表当前位置；2 代表文件结尾

7.2.1 读取文件全文

在 Windows 操作系统下，通常使用“记事本”软件来打开文本文件，编辑、修改完成后再保存。程序中的文件处理流程也大体如此，如图 7-1 所示。

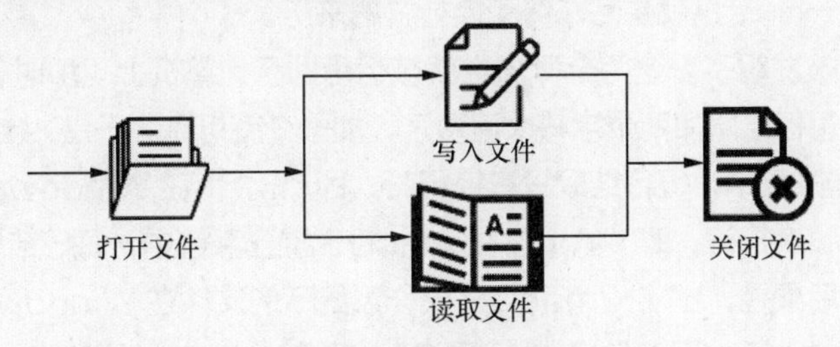

图 7-1　文件处理流程

【任务】读取文件“登鹳雀楼-UTF8.txt”的内容并输出。

使用 Python 读取文件很简单，使用内置函数 open 打开文件并返回一个文件对象，然后调用文件对象方法 read 即可读取文件内容。文件使用完成后，需要调用方法 close 关闭文件对象。因为文件对象会占用操作系统的资源，并且操作系统同一时间能打开的文件数量也是有限的。

【代码】

```
f = open('登鹳雀楼-UTF8.txt')
text = f.read()
print(text)
f.close()
```

有时也会看到下面的写法，把打开文件和读取内容合二为一。

```
text = open('登鹳雀楼-UTF8.txt').read()
print(text)
```

【说明】

（1）读取文件时，可以不显式地关闭文件。因为程序运行结束时，Python 解释器会关闭所有打开的文件。

（2）文件“登鹳雀楼-UTF8.txt”是使用 Windows 操作系统的“记事本”编辑的，程序在米筐 Notebook 运行的输出结果如图 7-2 所示。

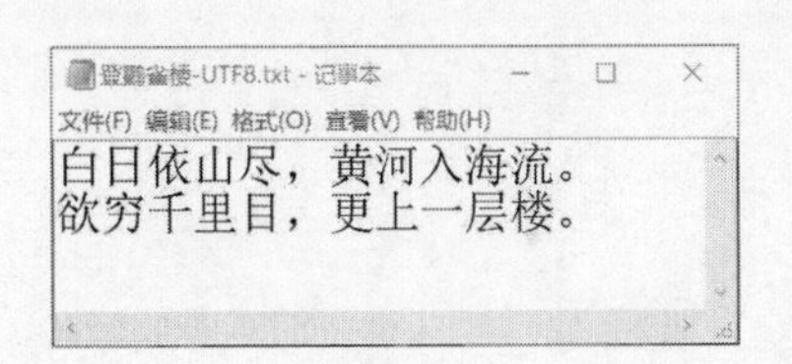

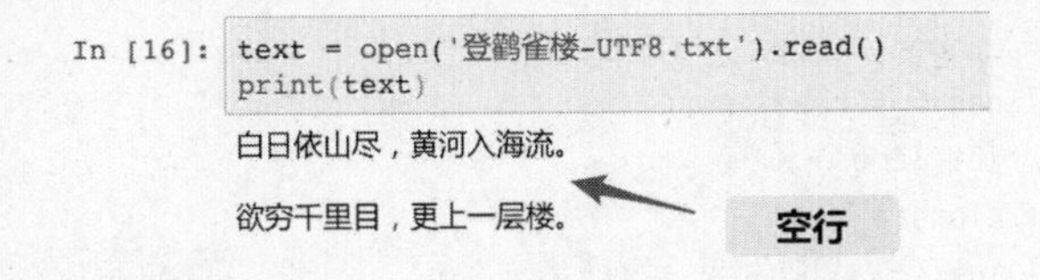

图 7-2　输出结果

为什么会多出一个空行？这还得从计算机世界中的回车符和换行符说起。

小知识：回车符和换行符

在计算机还没有出现之前，有一种被称为电传打字机（Teletype Model 33）的机器，每秒钟可以打 10 个字符。但是它有一个问题，就是打完一行后，在换行的时候，要花费 0.2s，在这 0.2s 内正好可以打两个字符。要是在这 0.2s 内，又有新的字符传过来，那么这个字符将丢失。于是，研究人员想了个办法来解决这个问题，就是在每行后面加两个表示结束的字符：一个为回车符，告知打字机把打印头定位在左边界；另一个为换行符，告知打字机把纸向下移一行。 这就是回车符和换行符的来历。

后来，计算机被发明了，这两个概念也就被运用到了计算机上。那时，存储器很贵，一些科学家认为在每行结尾加两个字符太浪费了，加一个就可以。于是，出现了分歧。

在 UNIX 操作系统中，每行结尾只有换行符，即“\n”；在 Windows 操作系统中，每行结尾是回车符和换行符，即“\r\n”；在 macOS 操作系统中，每行结尾是回车符。这样设计的一个直接后果是，UNIX/macOS 操作系统下的文件在 Windows 操作系统里打开，所有文字会变成一行；而 Windows 操作系统下的文件在 UNIX/macOS 操作系统里打开，则会多一个空行；如果在 macOS 操作系统下编辑的文本文件使用 Windows 记事本打开，则会出现多行并在一起的情况。

7.2.2 按行读取文件

方法 read 可读取整个文件，将文件内容放到一个字符串变量中，包括换行符。如果文件非常大，则不适合使用 read。Python 提供了方法 readline，它默认每次从指定文件中读取一行内容。还可以采用 for 循环遍历文件对象的方式来读取文本文件的每一行，示例代码如下所示。

```
f = open('登鹳雀楼-UTF8.txt')
for line in f:
    if (len(line.strip())==0): continue  # 跳过空行
    print(line.strip())                  # 方法 strip 用于去除两端的空白
f.close()
```

输出结果如下所示。

```
白日依山尽，黄河入海流。
欲穷千里目，更上一层楼。
```

循环遍历文件对象来读取文件中的每一行是节约内存的读取方式。Python 还提供了方法 readlines，它一次性读取文本文件的所有行到列表中，示例代码如下所示。

```
f = open('登鹳雀楼-UTF8.txt')
lines = f.readlines()
print(lines)
f.close()
['\ufeff白日依山尽，黄河入海流。\n', '\n', '欲穷千里目，更上一层楼。\n']
```

【说明】方法 readlines 可以设置参数 hint，但这个参数并不表示读取的行数，而是表示返回总和大约为 hint 字节的行。

7.2.3 实现文件的编码格式转换

内置函数 open 在使用时，还会用到一些参数，通过下面的任务来了解其用法。

【任务】读取文件“登鹳雀楼-UTF8.txt”，并将其内容以 GBK 格式保存到文件“登鹳雀楼-GBK.txt”中。

【代码】

```
f1 = open('登鹳雀楼-UTF8.txt')
f2 = open('登鹳雀楼-GBK.txt', mode='w', encoding='GBK', errors="ignore")
text = f1.read()
f2.write(text)
f1.close()
f2.close()
```

【说明】

（1）待写入的文件通过指定参数 encoding='GBK'，把 Unicode 编码转换成 GBK 编码。该参数的可选值通常为 UTF-8 或者 GBK。

（2）参数 errors 被赋值为“ignore”，表示编码的时候，忽略那些无法编码的字符。

函数 open 完整的语法格式如下所示。

```
open(file, mode='r', buffering=-1, encoding=None,
     errors=None, newline=None, closefd=True, opener=None)
```

常用的参数主要是 mode 和 encoding。mode 参数可选模式如表 7-3 所示。

表 7-3　mode 参数可选模式

模　式	说　明
r	按读模式打开文件，是默认方式，可以不写
w	按写模式打开文件，文件不存在时创建新文件，存在时清除已有内容
x	排他性地创建文件，如果所指定的文件已存在，就报 OSError 错误。通常与 w 结合使用，排他性地创建写文件
a	追加方式，在已有内容后写入。如果指定的文件不存在，创建新文件
+	更新文件，不会单独出现
r+	保留原文件内容，从头开始读或写
w+	清除已有内容（如果文件存在），但操作中可以读或写
x+	排他性地创建文件，从头开始，操作中可以读或写
a+	不清除已有内容，从已有内容后开始读或写

7.2.4 使用 with-as 语句

读取文件过程中可能产生异常，为确保程序顺利调用对象方法 close，需要使用 try-finally 语句捕获异常，代码如下所示。

```
try:
    f = open('登鹳雀楼-UTF8.txt')
    text = f.read()
    print(text)
finally:
    if f:
        f.close()
```

上述代码有点复杂，Python 提供了 with-as 语句来处理需要事先设置、事后做清理的工作。下面的代码表示先执行 with 后面的函数 open，返回值赋给 as 后面的变量 f；当 with 内的语句块全部执行完毕后，再调用 f 的 close 方法。

```
with open('登鹳雀楼-UTF8.txt') as f:
    text = f.read()
    print(text)
```

7.3 处理表格数据的 3 种方法

V7-1 处理表格数据的 3 种方法

二维数据由关联关系数据构成，采用表格方式组织，对应于数学中的矩阵，常见的表格数据都属于二维数据。存储二维数据的常见文件格式有 Excel 的 XLSX 和文本形式的 CSV。

CSV 是 Comma-Separated Values 的简写，含义是以逗号分隔值，以纯文本的形式存储表格数据（数字和文本）。CSV 文件可以用 Excel 软件查看。

CSV 并不是一种单一的、定义明确的格式，在实践中泛指具有以下特征的任何文件：纯文本，使用某个字符集，如 ASCII、Unicode 或 GB2312—80；由记录组成（典型的是每行一条记录）；每条记录被分隔符分隔为字段（典型分隔符有逗号、分号及制表符）；每条记录都有同样的字段序列。

【任务】计算招商银行收盘价的平均价。

招商银行的股价数据保存在文件 600036_UTF8.csv 中，内容如图 7-3 所示。

日期	股票代码	名称	收盘价	最高价	最低价	开盘价	成交金额
2018-11-05	'600036	招商银行	30.00	30.23	29.71	29.85	1283209565
2018-11-02	'600036	招商银行	30.33	30.45	29.41	29.90	3665161770
2018-11-01	'600036	招商银行	29.05	29.65	28.66	29.45	1983324170

图 7-3　招商银行的股价数据

【方法 1】使用 pandas 库。

选择适当的工具，会事半功倍。Python 第三方库 pandas 最初就是为了处理金融数据而生的，其核心数据结构 DataFrame 用于处理二维数据。

【代码】

```
import pandas as pd
df = pd.read_csv('600036_UTF8.csv')
print(df['收盘价'].mean())            # 29.15
```

【说明】方法 mean 的功能是计算平均值。

【方法 2】使用文件对象的方法 readline。

【代码】

```
f = open('600036_UTF8.csv')
f.readline()                        # 跳过表头
tot = 0                             # 保存“最高价”这一列的总和
n = 0                               # 统计行数
for line in f:
    t = line.strip().split(',')     # 切分字符串为列表
    tot +=  float(t[3])             # 字符串转换为浮点数后才能累加
    n += 1
print('%.2f' %(tot/n))    # 29.15
```

【方法 3】使用内置库 csv。

Python 内置了 csv 模块，可用于处理 CSV 文件。

【代码】

```
import csv
tot = 0                             # 保存“最高价”这一列的总和
n = 0                               # 统计行数
f = open('600036_UTF8.csv')
reader = csv.DictReader(f)
for row in reader:
    tot +=  float(row['收盘价'])     # 字符串转换为浮点数后才能累加
    n += 1
print('%.2f' %(tot/n))              # 29.15
```

7.4 存储半结构化数据：JSON 数据和 pickle 数据

从文件中读/写字符串很容易，读取数值则需要使用类型转换函数。因为方法 read 返回字符串，所以需使用整数转换函数 int，才能把字符串（'123'）转换为对应的数值（123）。

如果程序需要保存更为复杂的数据类型，如嵌套的列表和字典，则手工解析和序列化它们将变得更复杂。为了简化保存组合数据类型的操作，Python 使用了数据交换格式 JSON。标准模块 JSON 接收 Python 对象，并将它们转换为字符串的表示形式，此过程称为序列化。从字符串形式重新构建对象称为反序列化。在序列化和反序列化的过程中，表示该对象的字符串可以存储在文件或数据中，也可以通过网络连接传送给远程的机器。

保存序列化对象的文件格式有两种：文本文件格式 JSON 和二进制文件格式 pickle。pickle 只能用于 Python 而不能用于与其他语言编写的应用程序进行通信。

7.5 常用文件模块 os 和 shutil

如果要操作文件、目录，可以通过在命令行下面输入操作系统提供的各种命令来完成。如果要在 Python 程序中执行这些目录和文件的操作，应该怎么做呢？其实操作系统提供的命令只是简

单地调用了操作系统提供的接口函数，Python 内置的 os 模块也可以直接调用操作系统提供的接口函数。

7.5.1 模块 os 和 shutil 简介

模块 os 提供了可移植的方法来使用操作系统的功能，使程序能够跨平台使用，即它允许程序在编写后不进行任何改动，就可以在 Linux 和 Windows 等操作系统下执行。模块 os 也提供了对文件和目录进行创建、读/写、删除、重命名，以及获取属性等的接口。模块 os.path 还提供了对文件路径的操作功能。

模块 shutil 是对模块 os 中文件操作的补充，是文件的高层次操作工具，支持执行移动、复制、删除、打包、压缩、解压文件及文件夹等操作。

7.5.2 文件模块的主要函数

模块 os 的主要函数如表 7-4 所示。

表 7-4　　模块 os 的主要函数

函数名称	函数应用
os.name	获取操作系统的名称。如果是 posix，则是 Linux、UNIX 或 macOS；如果是 nt，则是 Windows
os.environ	返回操作系统中定义的环境变量。os.environ.get('PATH')可获取环境变量中的路径
os.getcwd()	返回当前工作目录
os.rename(src, dst)	重命名文件或目录，src 是原文件名，dst 是修改后的名称
os.remove(path)	删除名为 path 的文件。如果 path 是文件夹，则抛出 OSError
os.listdir(path)	返回 path 指定的文件夹中所包含的文件或文件夹的名称列表
os.renames(old, new)	递归地对目录进行重命名，也可以对文件进行重命名
os.chdir(path)	改变当前工作目录
os.chmod(path, mode)	更改权限
os.chown(path, uid, gid)	更改文件所有者
os.mkdir(path[, mode])	创建名为 path 的文件夹，默认的 mode 是 0777（八进制）
os.rmdir(path)	删除 path 指定的空目录，如果目录非空，则抛出 OSError 异常
os.removedirs(path)	递归删除目录

模块 os.path 的主要函数如表 7-5 所示。

表 7-5　　模块 os.path 的主要函数

函数名称	函数应用
os.path.isdir(name)	判断 name 是不是目录，不是目录则返回 False
os.path.isfile(name)	判断 name 这个文件是否存在，不存在则返回 False

续表

函数名称	函数应用
os.path.exists(name)	判断是否存在名为 name 的文件或目录
os.path.getsize(name)	获得文件大小
os.path.abspath(name)	获得绝对路径
os.path.isabs()	判断是否为绝对路径
os.path.normpath(path)	规范 path 字符串形式
os.path.split(name)	分离文件名与目录
os.path.splitext()	分离文件名和扩展名
os.path.join(path,name)	连接目录与文件名或目录
os.path.basename(path)	返回文件名
os.path.dirname(path)	返回文件路径

模块 os.shutil 的常用函数如表 7-6 所示。

表 7-6　　**模块 os.shutil 的常用函数**

函数名称	函数应用
shutil.copy(src, dst)	复制文件 src 到文件或文件夹 dst 中。如果 dst 是文件夹，则会在文件夹中创建或覆盖一个文件，且该文件与 src 的文件名相同。文件权限位也会被复制
shutil.copyfile(src, dst)	从文件 src 复制内容（不包含元数据）到 dst 文件中。dst 必须是完整的目标文件名，返回值是复制后的文件绝对路径
shutil.rmtree(path)	删除路径指定的文件夹，文件夹中的所有文件和子文件夹都会被删除。因为涉及对文件与文件夹的永久删除，所以该函数的使用必须要非常谨慎
shutil.copytree(src, dst)	递归复制整个 src 文件夹到目标文件夹中。目标文件夹名为 dst，不能已存在；该函数会自动创建 dst 根文件夹

7.5.3 应用示例

【任务 1】删除指定目录。

删除指定目录 Demo，该目录下有子目录和文件，如图 7-4 所示。

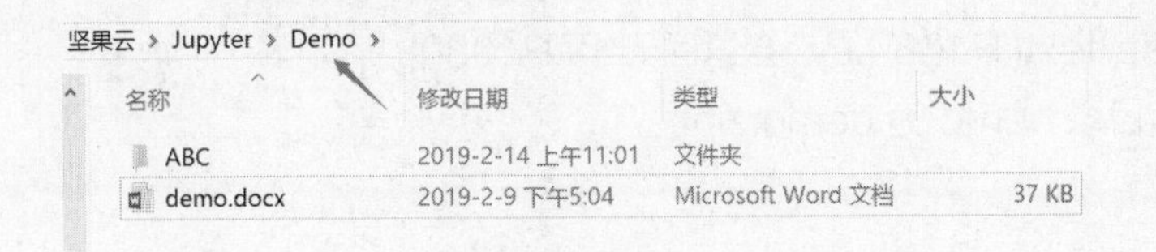

图 7-4　删除指定目录 Demo

【代码】

```
import shutil
shutil.rmtree('Demo')
```

【说明】函数 shutil.rmtree 用来递归删除当前文件夹和文件夹内所有内容，而函数 os.rmdir 仅当文件夹为空时才可以实现删除操作，否则抛出异常 OSError。

【任务 2】创建目录。

在当前目录下，创建目录 demo。

【方法 1】使用相对路径创建。

```
import os
path = 'demo'
if (not os.path.exists(path)):
    os.mkdir(path)
```

【说明】函数 os.mkdir 在路径已经存在的情况下，会抛出“文件已存在”（FileExistsError）的错误。建议使用函数 os.path.exists 判断目录是否存在。

【方法 2】使用绝对路径创建。

```
import os
path = os.path.abspath('.')              # '/home/rice/notebook'
full_path = os.path.join(path, 'demo')
os.mkdir(full_path)
```

【说明】

（1）将两个路径合成为一个时，不要直接合并字符串，而要通过函数 os.path.join 实现，这样可以正确处理不同操作系统的路径分隔符。同理，要拆分路径时，也不要直接拆分字符串，而要通过函数 os.path.split 实现。

（2）这些合并、拆分路径的函数并不要求目录和文件真实存在，只对字符串进行操作。

【任务 3】列出当前目录下所有 Python 程序文件。

【提示】利用 Python 的特性来过滤文件。

【代码】

```
import os

[x for x in os.listdir('.') \
        if os.path.isfile(x) and os.path.splitext(x)[1]=='.py']
# ['P1080.py', 'P1104.py', 'P1326.py']
```

【说明】

（1）os.listdir('.')返回当前目录下所有文件，目录也被视为文件。

（2）os.path.splitext('P1080.py')会返回元组('P1080', '.py')。

【任务 4】压缩目录 demo 为 demo.zip。

【代码】

```
import shutil

shutil.make_archive('demo', 'zip', root_dir='dataset/demo')
# '/Users/shenhanfei/坚果云/Jupyter/demo.zip'
```

【说明】第 1 个参数是压缩包的文件名，不需要指定文件后缀，函数会根据第 2 个参数合成文件名。函数 shutil.make_archive 的参数如表 7-7 所示。

表 7-7　　　shutil.make_archive 的参数

参　　数	说　　明
base_name	压缩包的文件名，也可以是压缩包的路径。如果是文件名，则保存至当前目录，否则保存至指定路径
format	压缩包格式，可以是.zip、.tar、.bztar、.gztar
root_dir	要压缩的文件夹路径（默认为当前目录）
owner	用户，默认是当前用户
group	组，默认是当前组
logger	用于记录日志，通常是 logging.logger 对象

7.6　模块和库 *

Python 的模块（Module）是以.py 为后缀的文件，包含了 Python 对象定义和 Python 语句。写好的多个模块会以库的形式发布。

7.6.1　模块的制作

模块能够有逻辑地组织 Python 代码段，将相关的代码分配到一个模块中能让代码更好用、更易懂。

1. 定义自己的模块

在 Python 中，每个 Python 文件都可以作为一个模块，模块的名称就是文件的名称。模块能定义函数、类和变量，模块内也能包含可执行的代码。

如下面的文件 demo.py 中定义了函数 hello。

```
# file: demo.py
def hello(name):
    print('Hello', name)
```

2. 调用自定义的模块

同一目录下的其他文件使用 import demo 语句就可以使用 demo.py 文件中定义的函数，如下所示。

```
#file: main.py
import demo
demo.hello('Python')                    # Hello Python
```

3. 模块的测试和“__main__”

在实际开发中，当一名开发人员编写完一个模块后，为了让模块能够在项目中达到想要的效果，该开发人员会自行在 Python 文件中添加一些测试信息，如下所示。

```
# file: demo.py
def hello(name):
```

```
    print('Hello', name)

hello('Java')
```

如果此时在其他 Python 文件中引入此文件，输出结果会包含测试函数 hello('Java')的输出结果“Hello Java”，这并不是所期望的输出。

为了避免出现这种情况，可以使用__name__=="__main__"，代码如下所示。

```
# file: demo.py
def hello(name):
    print('Hello', name)

if __name__=="__main__":
hello('Java')
```

在__name__=="__main__"下的代码只有直接作为脚本时才会执行，这些代码被引入到其他脚本中是不会被执行的。

7.6.2 库的发布

写好的多个模块会以库的形式发布，也就是一个库通常包含多个 Python 文件。库是一个分层次的文件目录结构，它定义了一个由模块、子库及子库下的子库等组成的 Python 应用环境。简单来说，库就是文件夹，但该文件夹下必须存在__init__.py 文件，文件的内容可以为空。__init__.py 用于标识当前文件夹是一个库。

需要发布的库的目录结构如下所示。

```
.
├─setup.py
├─suba
|   ├─aa.py
|   ├─bb.py
|   └─__init__.py
└─subb
    ├─cc.py
    ├─dd.py
    └─__init__.py
```

在这里，共包含 4 个 Python 文件：aa.py、bb.py、cc.py 及 dd.py。它们分别放在 suba 和 subb 两个目录中。

在打包前，需要验证 setup.py 的正确性，可执行下面的代码。

```
python setup.py check
```

其输出一般是“running check”。如果有错误提示或者警告，就会在此之后显示。若没有任何显示，则表示 Distutils 认可该 setup.py 文件。

如果没有问题，就可以正式打包，执行下面的代码。

```
python setup.py sdist
```

执行完成后，会在顶层目录下生成 dist 目录和 egg 目录。

7.7 小结

- 常用的中文编码有 UTF-8 和 GBK 两种。
- 文件对象有 3 种读取文本文件的方式：read 用于读取全部文本；readline 用于读取每一行文本；readlines 一次性读取全部文本到列表。
- 用 with-as 语句处理文件对象是个好习惯，文件用完后会自动关闭，就算发生异常也没关系，可认为其是 try-finally 语句的简写。
- CSV 文件的首选处理工具是 pandas，简单处理时也可以使用文件对象的方法 readline。
- 模块 os 封装了操作系统的目录和文件操作，os.path 提供了对文件路径的操作功能。
- 模块 shutil 是文件的高层次操作工具，具有复制文件、删除文件夹、压缩文件夹等功能。

7.8 习题

一、选择题

1. 关于 Python 对文件的处理，以下选项中描述错误的是________。
   A. 文件使用结束后要用方法 close 关闭，释放文件的使用授权
   B. Python 通过解释器内置函数 open 打开一个文件
   C. Python 能够以文本和二进制两种方式处理文件
   D. 当文件以文本方式打开时，读/写按照字节流方式
2. 以下选项中，不是 Python 中文件操作的相关函数的是________。
   A. open()　　B. read()　　C. load()　　D. write()
3. 以下选项中，不是 Python 中文件操作的相关函数的是________。
   A. write()　　B. readlines()　　C. writeline()　　D. open()
4. 以下选项中，不是 Python 文件打开模式的是________。
   A. '+'　　B. 'r'　　C. 'w'　　D. 'c'
5. 以下关于 Python 文件打开模式的描述，错误的是________。
   A. 创建写模式为 n　　B. 追加写模式为 a
   C. 覆盖写模式为 w　　D. 只读模式为 r
6. 对于特别大的文本文件，以下选项中描述正确的是________。
   A. Python 无法处理特别大的文本文件
   B. 选择内存大的计算机，一次性读入再进行操作
   C. 使用 for…in 循环，分行读入，逐行处理
   D. Python 可以处理特别大的文件，不用特别关心
7. 以下关于 CSV 文件的描述，错误的是________。
   A. CSV 文件的每一行是一维数据，可以使用 Python 中的列表表示
   B. CSV 文件格式是一种通用的相对简单的文件格式，可在程序之间转移表格数据
   C. 整个 CSV 文件是一个二维数据

D. CSV 文件通过多种编码表示字符

8. 函数 open 的 encoding 参数默认编码格式是________。

A. UTF-8　　B. GB2312　　C. GBK　　D. BIG-5

9. 模块 os 不能进行的操作是________。

A. 查询工作路径　　B. 删除空文件夹　　C. 复制文件　　D. 删除文件

10. 模块 shutil 不能进行的操作是________。

A. 移动文件夹　　B. 创建文件夹　　C. 压缩文件　　D. 删除非空文件夹

二、程序设计题

1. 将同一文件夹下的所有文本文件（.txt 文件）合并为一个，合并后的文件名为 all.txt。

2. 查找工作目录下所有 Python 文件（.py 文件），然后将所有 Python 文件复制到新建文件夹 python_code 下，最后压缩该文件夹，压缩后的文件命名为 python_code.zip。

第 8 章

正则表达式 *

- 正则表达式可解决哪些问题?
- 正则表达式只能在程序设计语言中使用吗?
- 查找的正则函数有哪几个?
- 替换和切分的正则函数是什么?
- 代表量的*、+及?有什么区别?
- 为何要使用编译模式?
- 圆括号在正则表达式中有什么作用?

8.1 正则表达式简介

开发过程中经常会对用户输入信息(如手机号、身份证号、邮箱、密码、域名、IP 地址、URL 等)做校验。正则表达式(Regular Expression)是强大而灵活的文本处理工具，能很好地解决这类字符串校验问题。掌握正则表达式，能大大提高开发的效率。

正则表达式由美国数学家斯蒂芬・科尔・克莱尼(Stephen Cole Kleene)于二十世纪五十年代提出。它是一串由具有特定意义的字符组成的字符串，表示某种匹配的规则。正则表达式能够应用在多种操作系统中，几乎所有程序设计语言都支持它。

正则表达式最基本的 3 种功能是查找、分组及替换。

8.2 Python 中常用的正则函数

Python 中正则函数并不多，常用的如表 8-1 所示。

表 8-1　Python 中常用的正则函数

功　能	使用示例
查找所有匹配	re.findall(pattern, string)
查找第 1 个匹配	re.search(pattern, string)
替换	re.sub(pattern, new, string)
切分	re.split(pattern, string)

查找所有匹配还可以使用函数 re.finditer(pattern, string)，它返回的是迭代器。re.match 可以看成是 re.search 的特例，该函数仅匹配从行首开始的子串。

从表 8-1 可以看出，这些函数的参数高度一致，使用好这些函数的关键是找到适合的正则模式。在本章的示例程序中，统一了变量的命名，如单行字符串变量命名为 line，多行字符串变量命名为 lines，正则模式变量命名为 pattern。

8.2.1 正则函数初步使用

下面通过几个任务来介绍正则函数的基本用法。

【任务 1】找出字符串中所有的单词（使用 re.findall）。

字符串为“Java PHP Python C++   Perl   SQL”。

【代码】

```
import re

line = "Java PHP Python C++  Perl      SQL"
pattern = r'\w+'
r = re.findall(pattern, line)
print(r)
# ['Java', 'PHP', 'Python', 'C', 'Perl', 'SQL']
```

【说明】\w 表示字母、数字或下划线，+表示至少出现一次；函数 re.findall 返回的是列表。

【任务 2】检测特定模式是否存在于字符串中（使用 re.search）。

【代码】

```
import re

line = "Java PHP Python C++  Perl      SQL"
pattern = r'[P|p]ython'
if re.search(pattern, line):
    print("exist")
else:
    print("don't exist")
# exist
```

函数 re.search 扫描整个字符串查找匹配。Python 还提供了函数 re.match，该函数尝试从字符串的起始位置匹配一个模式，如果从起始位置开始无法匹配成功，则返回 none。re.match 可以认为是 re.search 的特例，可以通过在 pattern 中指定匹配行首（使用^）来替代。

【任务 3】把字符串中的空格符替换为逗号（使用 re.sub）。

【代码】

```
import re

line = "Java PHP Python C++  Perl      SQL"
pattern = r'\s+'
new = ','
r = re.sub(pattern, new ,line)
print(r)
# Java,PHP,Python,C++,Perl,SQL
```

【说明】空格包含空格符、制表符、回车符、换行符等符号，用\s 表示，+表示至少出现一次。

函数 re.sub 返回的是替换后的字符串。

【任务 4】根据空白来切分字符串（使用 re.split）。

【代码】

```
import re

line = "Java PHP Python C++  Perl      SQL"
pattern = r'\s+'
r = re.split(pattern, line)
print(r)
# ['Java', 'PHP', 'Python', 'C++', 'Perl', 'SQL']
```

【说明】re.split 返回的是列表。

8.2.2 查找所有匹配

【任务 1】查找出字符串中所有的“Python”，注意大小写必须完全一致。

字符串为“Java Python PHP Python SQL python Python PYTHON”。

【代码】

```
import re

line = "Java Python PHP Python SQL python Python PYTHON"
pattern = r'Python'
r = re.findall(pattern, line)
print(r)
# ['Python', 'Python', 'Python']
```

【说明】字符串‘Python’本身是纯文本，所以看起来可能不像正则表达式，但它的确是。正则表达式可以包含纯文本，甚至只包含纯文本。当然，像这样使用正则表达式是一种浪费，但可以把这作为学习正则表达式的起点。

【任务 2】查找出字符串中所有的“Python”或“python”，注意大小写必须完全一致。

字符串为“Java Python PHP Python SQL python Python PYTHON”。

【代码】

```
import re

line = "Java Python PHP Python SQL python Python PYTHON"
pattern = r'[P|p]ython'
r = re.findall(pattern, line)
print(r)
# ['Python', 'Python', 'python', 'Python']
```

【说明】模式‘[P|p]ython’中的方括号“[ ]”定义了字符集合；竖线“|”表示或，也可不用。

【任务 3】查找出字符串中所有的“python”，不区分大小写。

字符串为“Java Python PHP Python SQL python Python PYTHON”。

【代码】

```
import re
```

```
line = "Java Python PHP Python SQL python Python PYTHON"
pattern = r'python'
r = re.findall(pattern, line, re.I)
print(r)
# ['Python', 'Python', 'python', 'Python', 'PYTHON']
```

【说明】这里使用了修饰符 re.I，使匹配对大小写不敏感。多个标志可以通过按位符 OR(|)来指定，如 re.I | re.M 被设置成 I 和 M 标志。

【任务 4】查找出字符串中所有的单词。

字符串为“Java Python PHP Python SQL python Python PYTHON”。

【代码】

```
import re

line = "Java Python PHP Python SQL python Python PYTHON"
pattern = r'\w+'
r = re.findall(pattern, line)
print(r)
```

【说明】\w 表示只能匹配字母、数字字符和下划线；+表示匹配一个或多个字符。

【任务 5】查找出每一行的第 1 个单词。

【代码】

```
import re

lines = """
Java was developed by Sun Microsystems Inc in 1991
Python was created in 1991 by Guido van Rossum.
PHP scripts are executed on the server.
"""
pattern = r'^\w+'
r = re.findall(pattern, lines, re.M)
print(r)
# ['Java', 'Python', 'PHP']
```

【说明】这里用到了^和 re.M。^表示从每一行的行首开始匹配；re.M 表示为多行模式。如果没有使用 re.M，则查找结果为空，因为这里的第 1 行是空白，找不到任何字母和数字。

8.2.3 查找第一个匹配

【任务 1】在字符串中查找日期。

字符串为“order date: 31-08-2019 delivery date: 15-09-2019”。

【代码】

```
import re

line = "order date: 31-08-2019  delivery date: 15-09-2019"
pattern = r'\d{1,2}-\d{1,2}-\d{4}'
print(re.search(pattern, line))
```

```
print(re.findall(pattern, line))
# <_sre.SRE_Match object; span=(12, 22), match='31-08-2019'>

# ['31-08-2019', '15-09-2019']
```

【说明】\d{1,2}表示数字出现 1 次或 2 次，\d{4}表示数字出现 4 次。re.search 的作用是判断给定的模式是否在字符串中出现，如果未出现，则返回 None；如果出现，则返回第 1 个匹配的字符串和位置。

更详细的示例代码如下所示。

```
import re

line = "order date: 31-08-2019  delivery date: 15-09-2019"
pattern = r'\d{1,2}-\d{1,2}-\d{4}'
r = re.search(pattern, line)
if (r):
    print(r.group())            # 31-08-2019
    print(r.span())             # (12, 22)
    print(r.start(), r.end())   # 12 22
```

【说明】为了增强程序的健壮性，这里的条件判断不能省略。函数 re.search 返回的是 MatchObject 对象，如果找不到匹配，则该对象为空。MatchObject 对象方法 span 返回第 1 个匹配字符串的起始位置和结束位置的元组。

从上面的示例可以发现，函数 re.findall 可以找出所有匹配的字符串，但没有匹配字符串的位置信息；而函数 re.search 能找出第 1 个匹配的字符串，并且提供了匹配字符串的位置。通常情况下，函数 re.findall 能够满足基本的使用需求。如果想找出所有的匹配字符串及其位置信息，该怎么做呢？解决办法是使用函数 re.finditer。

【代码】

```
import re

line = 'order date: 31-08-2019  delivery date: 15-09-2019'
pattern = r'\d{1,2}-\d{1,2}-\d{4}'
rs = re.finditer(pattern, line)
for r in rs:
    print(r.group())
    print(r.span())
    print(r.start(), r.end())

# 31-08-2019
# (12, 22)
# 12 22
# 15-09-2019
# (39, 49)
# 39 49
```

【任务 2】在字符串中查找年、月、日。

字符串为“order date: 31-08-2019 delivery date: 15-09-2019”。

【代码】

```
import re

line = "order date: 31-08-2019  delivery date: 15-09-2019"
pattern = r'(\d{1,2})-(\d{1,2})-(\d{4})'
r = re.search(pattern, line)
if (r):
    print(r.group(0))             # 31-08-2019
    print(r.group(3))             # 2019
    print(r.group(2))             # 08
    print(r.group(1))             # 31
    print(r.span(3))              # (18, 22)
    print(r.start(3), r.end(3))   # 18 22
```

【说明】在正则表达式中，使用圆括号来识别分组。这里要查找年、月、日，所以使用了 3 个分组。仔细观察可知，函数 group、span、start、end 都是可以设置参数的，默认参数均为 0，此时表示的是整个匹配串。

8.2.4 替换

【任务 1】去除字符串中的注释。

字符串为“c = a + b # This is a demo”。

【代码】

```
import re

line = "c = a + b # This is a demo"
pattern = r'#.*'
r = re.sub(pattern, '' ,line)
print(r)
# c = a + b
```

【说明】.表示可以匹配任何字符；*表示匹配 0 个或多个字符。

【任务 2】删除字符串中描述颜色的词语。

字符串为“red hat and blue T-shirt”。

【代码】

```
import re

line = "red hat and blue T-shirt"
pattern = r'(white|red|blue)\s+'
r = re.sub(pattern, '' ,line)
print(r)
# hat and T-shirt
```

【说明】这里除了替换颜色词外，还替换了颜色词后面的空格。\s 表示空格，包括空格符、制表符、换行符和回车符，相当于[\t\r\n\f]；+表示至少出现一次。

【任务 3】重新排列日期顺序。

如 15/09/2018 18:17 替换为 2018-09-15 18:17。

【代码】

```
import re

line = '15/09/2018 18:17'
pattern = r'(\d{2})/(\d{2})/(\d{4}).*(\d{2}):(\d{2})'
new = r'\3-\2-\1 \4:\5'
line = re.sub(pattern, new, line)
print(line)
```

【说明】这里只用到了分组，使用圆括号来界定。pattern 中的 5 个分组分别代表日期、月份、年份、时和分，引用这些分组则使用\1 \2 \3 \4 \5。

8.3 RegexOne 的闯关游戏

学习正则表达式的基础知识会遇到这样的困惑，即看上去每个知识点都不是很难，但如果要写程序来解决问题，就感觉无从下手。如果能像玩游戏一样，一步一步地动手逐步提高解决问题的能力，对巩固所学知识就太有帮助了。

这里介绍的网站就通过简单的交互式练习来帮助读者学习正则表达式。练习分为两类，即 15 个基本练习和 8 个实用问题练习，后者有一定的难度。RegexOne 网站的界面如图 8-1 所示。

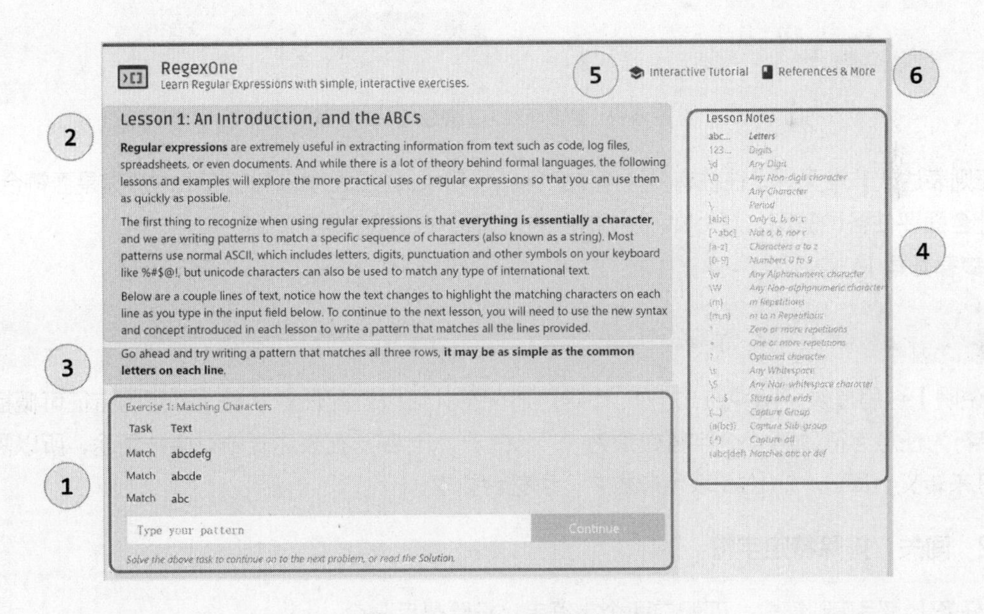

图 8-1　RegexOne 网站的界面

网站各个板块的功能如下。

① 最重要的部分，要求填入正则表达式，能自动判断是否正确。

② 介绍完成练习所需的知识。

③ 练习的具体要求。

④ 正则表达式的速查表（Cheat Sheet）。

⑤ 提供练习列表，可以从中选取某个练习直接开始，不必每次都从头做起。

⑥ 常用程序设计语言（如 C#、JavaScript、Java、PHP、Python）使用正则表达式的指南。

8.3.1 闯关：通配符

下面以第 2 个练习（通配符）为例来介绍具体使用方法。

第 2 个练习的界面如图 8-2 所示，练习要求填写正则模式来匹配前 3 个字符串，排除最后一个字符串。右侧显示的速查表会动态变化，当前练习需要用到的内容会高亮显示。如果填入的正则表达式符合要求，按钮“Continue”会被激活，单击该按钮就可以进入下一个练习。如果实在不知道怎么做，可以单击下方的“Solution”链接来查看参考答案。

```
Below are a couple strings with varying characters but the same
length. Try to write a single pattern that can match the first
three strings, but not the last (to be skipped). You may find
that you will have to escape the dot metacharacter to match the
period in some of the lines.
```

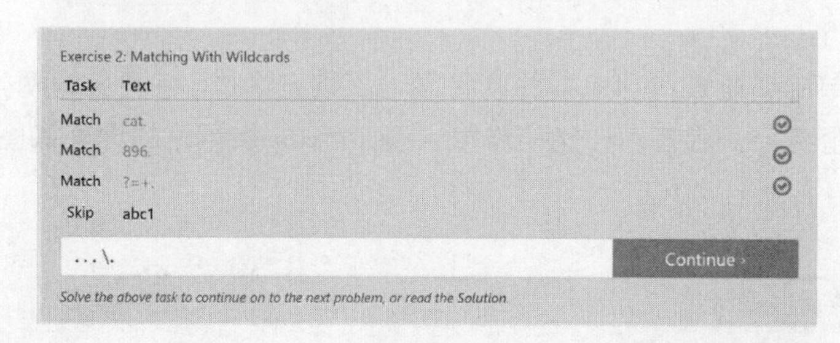

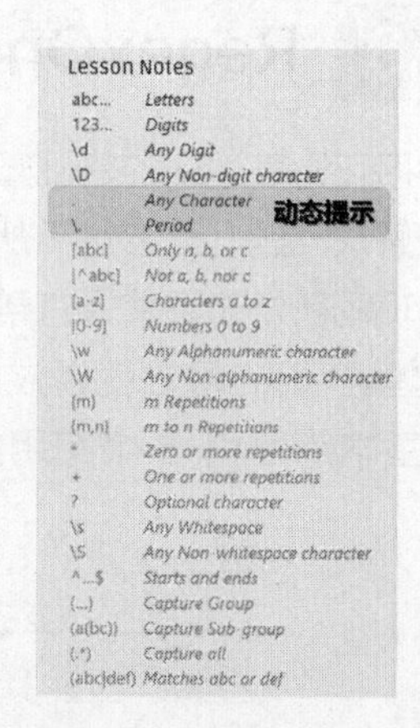

图 8-2 第 2 个练习（通配符）的界面

正则表达式非常灵活，往往有多种用法。RegexOne 通过程序来判断提供的答案是否符合要求，所以能全面评估各种答案。“Solution”提供的答案相对常见，但并不唯一。

【参考答案】

```
...\.
...[^\d]
```

【说明】这里提供了两种方式。① 点号是通配符，可以匹配任意字符，本题的特征可概括为前 3 个字符为任意字符，第 4 个字符必须为“.”。由于“.”在正则表达式中有特殊用途，所以需要用反斜杠来转义，即\.。② [^\d]表示非数字，也符合要求。

8.3.2 闯关：排除特定字符

【任务】编写正则模式，匹配前两个字符串，排除最后一个。

```
Match   hog
Match   dog
Skip    bog
```

【提示】[^abc]　Not a, b, nor c

【参考答案】

```
[^b]og
[hd]og
```

【说明】[^b]og 表示 og 前面是除 b 以外的任意字符；[hd]表示 h 或 d 中的一个；方括号表示集合，如[A-Z a-z]表示所有英文字母，而[^abc]表示除了 a、b、c 以外的任何字符。

8.3.3 闯关：重复次数

【任务 1】编写正则模式，匹配前两个字符串，排除最后一个。

```
Match   wazzzzzup
Match   wazzzup
Skip    wazup
```

【参考答案】

```
waz{3,5}up
wazz+up
```

【说明】正则表达式中有两种方式来说明字符重复出现的次数。z{3,5}表示字符 z 出现 3~5 次，z+表示字符 z 至少要出现 1 次，zz+表示字符 z 至少要出现 2 次。

【任务 2】编写正则模式，匹配前 3 个字符串，排除最后一个。

```
Match   aaaabcc
Match   aabbbbc
Match   aacc
Skip    a
```

【参考答案】

```
aa+b*c+
a{2,4}b{0,4}c{1,2}
a.+
a\w+
```

【说明】*比+的表达范围更广，允许字符出现 0 次（即字符不出现）。

8.4 编译模式 re.compile 和匹配参数

在 Python 中使用正则表达式时，re 模块内部会完成两件事情：编译正则表达式，如果正则表达式的字符串本身不合法，则会报错；用编译后的正则表达式去匹配字符串。

如果一个正则表达式要重复使用很多次，则出于对效率的考虑，建议编译该正则表达式，接下来重复使用时就不需要再次编译，直接匹配。方法 re.compile 将字符串形式的正则表达式编译为 Pattern 对象。其第二个参数 flag 是匹配模式，取值可以使用按位或运算符“|”表示同时生效，如 re.I | re.M。

【代码】

```
import re

line = "Java Python PHP Python SQL python Python PYTHON"
```

```
pattern = r'python'
r = re.findall(pattern, line, re.I)
print(r)
# ['Python', 'Python', 'python', 'Python', 'PYTHON']
```

使用 re.compile 实现的代码如下所示。

```
import re

line = "Java Python PHP Python SQL python Python PYTHON"
pattern = re.compile(r'python', re.I)
r = pattern.findall(line)
print(r)
```

参数 flag 的可选值说明如表 8-2 所示。

表 8-2　参数 flag 的可选值说明

参数值	英文全称	说明
re.I	IGNORECASE	忽略大小写
re.M	MULTILINE	多行模式，改变“^”“$”的行为
re.S	DOTALL	点任意匹配模式，改变“.”的行为
re.L	LOCALE	使预定字符类取决于当前区域设置
re.U	UNICODE	使预定字符类取决于 Unicode 定义的字符属性
re.X	VERBOSE	详细模式。正则表达式可以是多行，忽略空白字符，并可加入注释

8.5 小结

- 正则表达式在高级文本工具、Linux 命令、程序设计中具有广泛的应用。
- 正则表达式最基本的 3 种功能是查找、分组及替换。
- 使用 4 个最常用函数 re.findall、re.search、re.split 及 re.sub 的关键是找出特定的模式。
- 交互式练习网站有助于掌握正则表达式的核心使用方法。

8.6 习题

一、选择题

1. 正则表达式中“\s”表示的是________。

   A. 非空格　　B. 空格　　C. 非数字　　D. 数字

2. 正则表达式中的“^”符号，用在一对方括号中则表示要匹配________。

   A. 字符串的开始　　B. 除方括号内字符的其他字符

   C. 字符串的结束　　D. 仅方括号内含有的字符

3. 正则表达式中的特殊字符_______用于匹配字母、数字或下划线。

A. \d B. \D C. \w D. \s

4. Python 中用于查找所有匹配模式的函数是_______。

A. re.search() B. re.findall() C. re.sub() D. re.split()

二、填空题

1. 补充下面的代码，查找出字符串中的所有数字，返回列表。语句执行后，返回 ['1', '33', '999', '10']。

re.findall(r'_______', "A1b33C999D10E")

2. 编写一个正则表达式_______，其能同时识别下面所有的字符串。

'bat','bit', 'but', 'hat', 'hit', 'hut'

3. 正则表达式_______可以匹配 QQ 号码，QQ 号码为 5~12 位的数字。

4. 正则表达式_______可以匹配 11 位的手机号码。

三、操作题

1. RegexOne 提供了 15 个基本练习，前面 10 个相对简单，测试一下第 1 次完成它们需要多久？完成后面 5 个需要多久？提示：可以查看答案（Solution）。

2. RegexOne 提供了 8 个实用问题练习，包括匹配数字、电话号码、邮箱、文件名等。这些问题的难度较高，但用法固定，变化不大，尝试理解这些问题的正则表达式。

第 9 章 网络爬虫入门 *

- 什么是网络爬虫?
- 如何获取网页中的表格?
- Requests 库可获得哪些页面信息?
- 如何获取整个网页?
- 如何分析网页的结构?
- 如何获得网页中的内容节点?
- 如何从节点中提取信息?

9.1 网络爬虫简介和基本处理流程

人类社会已经进入大数据时代，大数据正在改变人们的工作和生活。随着移动互联网、社交网络、物联网等领域的迅猛发展，数量庞大、种类繁多、随时随地产生和更新的大数据蕴含着前所未有的社会价值和商业价值。大数据已成为 21 世纪最为重要的经济资源之一。正如马云所言："未来最大的能源不是石油，而是大数据。"对大数据的获取、处理与分析，以及基于大数据的智能应用，已成为提高未来竞争力的关键要素。

但如何获取这些宝贵数据呢？网络爬虫就是一种高效的信息采集"利器"，利用它可以快速、准确地采集人们想要的各种数据资源。

9.1.1 什么是网络爬虫

网络爬虫（Web Crawler）是指按照一定的规则，自动地获取互联网信息的程序或者脚本。它们被广泛用于互联网搜索引擎或其他类似网站，可以自动采集所有其能够访问到的页面内容，以获取或更新这些网站的内容。

从功能上来讲，网络爬虫一般分为数据采集、处理及存储 3 个部分。传统网络爬虫从一个或若干初始网页开始，获得初始网页上的 URL。在获取网页的过程中，不断从当前页面上抽取新的 URL 放入队列，直到满足系统的一定停止条件。

9.1.2 使用网络爬虫的法律风险

网络爬虫可利用计算机的快速计算功能访问服务器上的数据，这也带来了不少问题，主要体现在以下几个方面。

（1）网络爬虫给服务器带来了巨大的资源开销。由于网络爬虫访问网站的速度比人类的访问速度快百倍，甚至千倍，因此给服务器带来了巨大的资源开销，影响了网站为普通用户提供服务，扰乱了网站的正常运营。

（2）网络爬虫会带来法律风险。服务器上的数据有产权归属，如新浪网上的新闻归新浪所有，如果将使用网络爬虫获取的数据用于商业目的，会带来法律风险。

（3）网络爬虫会造成隐私泄露。网络爬虫具备突破简单访问控制的能力，大批量获得网站上的被保护数据可能会泄露用户的个人隐私。

开发网络爬虫时，要遵守 Robots 协议（也称为爬虫协议、机器人协议等）。网站通过 robots 文件告知搜索引擎哪些页面能获取，哪些页面不能获取。robots 文件通常存放在网站根目录下。

Robots 协议是互联网通行的道德规范，并不能保证网站的隐私不被侵犯。例如，京东 robots 文件协议内容如下。

```
User-agent: *
Disallow: /?*
Disallow: /pop/*.html
Disallow: /pinpai/*.html?*
User-agent: EtaoSpider
Disallow: /
User-agent: HuihuiSpider
Disallow: /
User-agent: GwdangSpider
Disallow: /
User-agent: WochachaSpider
Disallow: /
```

我国逐渐开始重视对网络爬虫的法律规制，2019 年 5 月 28 日中华人民共和国国家互联网信息办公室发布的《数据安全管理办法（征求意见稿）》第十六条中首次出现了对网络爬虫规制的法律条文，第十六条的内容如下。

> 网络运营者采取自动化手段访问收集网站数据，不得妨碍网站正常运行；此类行为严重影响网站运行，如自动化访问收集流量超过网站日均流量三分之一，网站要求停止自动化访问收集时，应当停止。

即使有些网站没有设置 robots 文件，也需要注意设置爬虫的访问频率，避免给网站带来性能上的负担。

9.1.3 网络爬虫的基本处理流程

网络爬虫的基本处理流程可分为 4 个步骤。

（1）发起请求：通过 URL 向服务器发起请求（request），请求可以包含额外的头部信息。

（2）获取响应内容：如果服务器正常响应，会收到一个 response（所请求的网页内容），如 HTML 代码、JSON 数据或者二进制数据等。

（3）解析内容：如果是 HTML 代码，则可以使用网页解析器进行解析；如果是 JSON 数据，则可以将其转换成 JSON 对象进行解析；如果是二进制的数据，则可以将其保存到文件，进行进一步处理。

（4）保存数据：可以保存数据到本地文件或数据库（MySQL、Redis、MongoDB 等）中。

然而，不同的网站结构不一、布局复杂、渲染方式多样，有的网站还专门采取了一系列“反爬”

的防范措施。开发网络爬虫程序需要掌握多方面的知识和技能，为了突出重点，本章的介绍集中在解析内容上。

9.2 实战：使用 pandas 库获取 2018 年中国企业 500 强榜单

V9-1 使用 pandas 获取表格

如果想获取网页中的表格，可以尝试使用 pandas 库来实现。需要注意的是，有些网站上的表格是使用动态技术渲染出来的，无法使用此方法。

【任务】获取 2018 年中国企业 500 强的榜单。

2018 年中国企业 500 强榜单被发布在财富官网。中国企业 500 强榜单显示在表格中，默认每页显示 50 条记录，如图 9-1 所示。当然，可以调整每页显示的记录数量，也可以翻页查看更多的记录。由于内容是表格形式的（使用<table>标签），因此可以使用 pandas 库的函数 read_html 来获取表格。

每页显示 50 条记录　　输入关键字检索：

排名	上年排名	公司名称(中文)	营业收入(百万元)	利润(百万元)
1	1	中国石油化工股份有限公司	2360193.0	51119.0
2	2	中国石油天然气股份有限公司	2015890.0	22793.0
3	3	中国建筑股份有限公司	1054106.5	32941.8
4	5	中国平安保险（集团）股份有限公司	890882.0	89088.0
49	72	厦门国贸集团股份有限公司	164650.78	1907.3
50	52	广汇汽车服务股份公司	160711.52	3884.36

从 1 到 50 共 500 条　　首页 上页 1 2 3 4 5 下页 末页

图 9-1　2018 年中国企业 500 强榜单

【代码】

```
import pandas as pd

url = 'http://www.fortunechina.com/fortune500/c/2018-07/10/content_309961.htm'
df = pd.read_html(url, header=0)[0]
df.head(5)
```

【说明】

（1）函数 read_html 的参数 header=0 表示将第 1 行作为表头，而不是普通数据。

（2）[0]表示获取页面的第 1 个表格。

使用 len(df)查看，发现读取的数量是 500，而不是 50。由此可见，pandas 库在获取表格数据操作方面功能强大。

显示效果如图 9-2 所示。

	排名	上年排名	公司名称(中文)	营业收入(百万元)	利润(百万元)
0	1	1	中国石油化工股份有限公司	2360193.00	51119.00
1	2	2	中国石油天然气股份有限公司	2015890.00	22793.00
2	3	3	中国建筑股份有限公司	1054106.50	32941.80
3	4	5	中国平安保险（集团）股份有限公司	890882.00	89088.00
4	5	4	上海汽车集团股份有限公司	870639.43	34410.34

图 9-2　显示效果

9.3 使用 Requests 库获取网页

Python 内置的 urllib 库用于访问网络资源。但是它使用起来并不方便，而且缺少很多实用的功能，更好的方案是使用 Requests 库。Requests 库是简洁地处理 HTTP 请求的第三方库，其最大优点是程序编写过程更接近正常 URL 访问过程，这个库建立在 urllib3 的基础上。类似这种在其他库上再封装功能，并提供更友好使用方式的做法在 Python 库中很常见。

Requests 库支持丰富的链接访问功能，包括域名和 URL 获取、HTTP 长链接和链接缓存、HTTP 会话和 cookie 保持、浏览器使用风格的 SSL 验证、基本的摘要认证、有效的键-值对 cookie 记录、自动解压缩、自动内容解码、文件分块上传、HTTP(S)代理功能、连接超时处理，以及流数据下载等。

【任务 1】获取古诗文网的首页。

【方法】获取网页可以通过 Requests 库的函数 get。

【代码】

```
import requests

url = 'https://www.gushiwen.com/'
headers = {'User-Agent': 'Mozilla/5.0 (X11; Linux i686) \
    AppleWebKit/537.17 (KHTML, like Gecko) Chrome/24.0.1312.27 Safari/537.17'}
r = requests.get(url, headers=headers, verify=False)
r.encoding='UTF-8'
print(type(r))          # <class 'requests.models.Response'>
print(r.status_code)    # 200
print(type(r.text))     # <class 'str'>
print(r.text)           # 获取的网页，内容较多
print(r.cookies)        # <RequestsCookieJar[]>
```

【说明】

（1）很多网站只认可浏览器发送的访问请求，而不认可通过 Python 发送的访问请求。为解决这个问题，需要设置 headers 参数，以模拟浏览器的访问请求。headers 参数提供的是网站访问者的信息，headers 中的 User-Agent（用户代理）表示所使用的浏览器。而 verify=False 表示

将证书验证设置为 False。

（2）Requests 会基于 HTTP header 对响应的编码做出有根据的推测，但未必准确，使用 r.encoding 指定编码。

（3）status_code 为响应状态码，200 代表成功，301 代表跳转，404 代表文件不存在，403 代表无权限访问，502 代表服务器错误。

通过 r.text 获取的网页文本被保存在字符串中，由于内容较多，这里只截取开始部分，内容如下所示。

```
<html xmlns="http://www.w3.org/1999/xhtml">

<head>
<meta name="viewport" content="width=device-width, initial-scale=1" />
        <meta http-equiv="Content-Type" content="text/html; charset=UTF-8">
<meta name="keywords" content="唐诗三百首,宋词,元曲,明清小说">
<meta name="description" content="古诗文网作为传承经典的网站成立于 2011 年。古诗文网专注于古诗文服务，致力于让古诗文爱好者更便捷地发表及获取古诗文相关资料。">
<title>古诗文网-谈笑有鸿儒,往来无白丁</title>
```

【任务 2】下载古诗文网的 Logo 图片到本地。

古诗文网的 Logo 图片如图 9-3 所示，该图片可以从首页中获取。

图 9-3　古诗文网的 Logo 图片

【方法】使用 Requests 的方法 get 来获取，然后作为文件保存到本地。

【代码】

```
import requests

r = requests.get("https://www.gushiwen.com/tpl/static/images/allico.png")
with open('allico.png', 'wb') as f:
    f.write(r.content)
```

【说明】r.content 获取的是图片，数据类型为 bytes。

【提示】这里使用古诗文网作为示例，是由于该网站目前还没有采取反爬措施，也没有采用 AJAX 等技术动态加载页面，适合新手练习。

9.4 使用 Beautiful Soup 4 库解析网页

Beautiful Soup 提供简单的、Python 式的函数来实现导航、搜索、修改和分析树等功能。它是一个工具箱，通过解析文档为用户提供需要获取的数据。其使用简单，不需要多少代码就可以写出一个完整的应用程序。Beautiful Soup 已成为与 lxml、html5lib 一样出色的 Python 解析器。Beautiful Soup 3 已经停止开发，不过它被移植到了 Beautiful Soup 4（推荐使用），导入时可写为 import bs4。Beautiful Soup 将复杂的 HTML 文档转换成树形结构，每个节点都是 Python 对象。解析网页的核心可以归结为两点：获取节点和从节点中提取信息。

9.4.1 获取节点的主要方式

Beautiful Soup 提供了多种方式来获取节点，这里介绍常用的两种：方法 find_all 和 find，CSS 选择器。

每个节点通常有 3 个要素：标签名、属性、文本。方法 find_all 和 find 也针对这 3 个要素来搜索节点，如图 9-4 所示。从名称上也能看出来，find_all 搜索所有满足要求的节点，find 搜索满足要求的第一个节点。

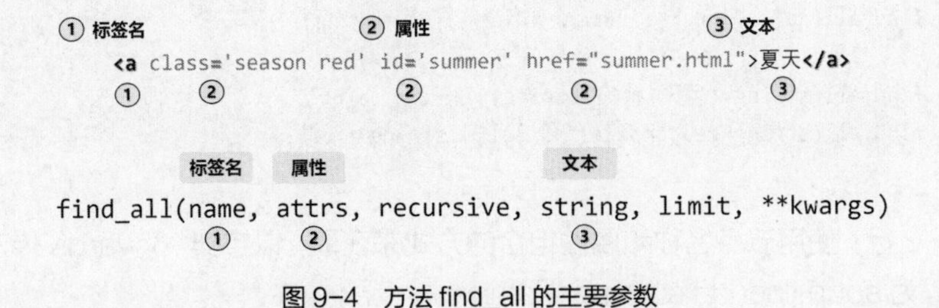

图 9-4 方法 find_all 的主要参数

方法 find_all 的参数 recursive、limit 及**kwargs 的说明如下。

（1）recursive：默认值为 True，检索当前节点的所有子孙节点；如果只想搜索当前节点的直接子节点，可以使用参数 recursive=False。

（2）limit：默认返回所有搜索结果。如果文档树很大，不需要全部结果，可以使用 limit 参数限制返回结果的数量。其效果与 SQL 中的 limit 关键字类似。

（3）**kwargs：如果指定名称的参数不是搜索内置的参数（name、attrs、string 等），搜索时会将该参数当作属性来搜索。例如，find_all(id='summer')会被看作 find_all(attrs={'id': 'summer'})。

【任务】从 HTML 文本中输出节点“夏天”。

HTML 文本如下所示。

```
html = """<ul><p>一年有四个季节：</p>
    <li><a class='season green' href="spring.html">春天</a></li>
    <li><a class='season red' id='summer' href="summer.html">夏天</a></li>
    <li><a class='season yellow' href="autumn.html">秋天</a></li>
<li><a class='season white' href="winter.html">冬天</a></li></ul>"""
```

【方法 1】使用 find_all 找出所有的季节，共 4 个，由于从 0 开始编号，所以第 2 个节点（序号为[1]）就是“夏天”。

【代码】

```
soup = BeautifulSoup(html, 'lxml')
print(soup.find_all('a')[1].string)
print(soup.find_all('a', class_='season')[1].string)
print(soup.find_all('a', {'class':'season'})[1].string)
print(soup.find_all('a', attrs={'class':'season'})[1].string)  # 完整形式
```

【说明】

（1）第 2 行：省略了参数名 name，完整形式为 find_all(name='a')。

（2）第 3 行：class 比较特殊，是 Python 中的关键字，所以用 class_；另外，class_不属于方法的参数，使用**kwargs 传递。

（3）第 4 行：参数为标签名和字典，字典省略了参数名 attrs。第 5 行为完整形式。

【方法 2】使用 find_all 精准定位“夏天”，得到唯一的结果，使用序号[0]获取。

【代码】

```
print(soup.find_all('a', id='summer')[0].string)
print(soup.find_all('a', href="summer.html")[0].string)

print(soup.find_all('a', {'id':'summer'})[0].string)
print(soup.find_all('a', {'href':'summer.html'})[0].string)

print(soup.find_all(string='夏天')[0].string)
print(soup.find_all(string=re.compile('夏'))[0].string)
```

【说明】

（1）第 1～2 行：使用节点名称和属性组合的方式来获取，以字典**kwargs 传递。如果使用方法 find，则代码为 soup.find(id='summer').string。

（2）第 3～4 行：使用节点名称和属性组合的方式来获取，自动匹配关键字参数 name 和 attrs。

（3）第 5～6 行：使用文本匹配和正则表达式的方式在文本中搜索，关键字参数 string 不能省略，否则会默认其是参数 name。

【方法 3】使用 CSS 选择器 select 和 select_one，标签名不加任何修饰，类名前加“.”，ID 名前加“#”。

【代码】

```
print(soup.select('a')[1].string)
print(soup.select('ul a')[1].string)
print(soup.select('.season')[1].string)
print(soup.select('.red')[0].string)
print(soup.select_one('.red').string)          # 使用 select_one 获取第 1 个节点
print(soup.select('ul .season')[1].string)
print(soup.select('#summer')[0].string)
print(soup.select('li > .season')[1].string)  # 在子标签中查找
print(soup.select('ul > li')[1].string)        # 在子标签中查找
```

【说明】

（1）第 2 行：组合查找，两者间需要用空格符隔开。

（2）第 3~4 行：类名前加“.”，如.season。

（3）第 7 行：ID 名前加“#”。按照 CSS 规范的写法，页面中 ID 是唯一的。

（4）第 8~9 行：在子标签中查找。

9.4.2 从节点中提取信息

【任务 1】从段落标签中提取出第一个段落的文本。

段落片段为<p>Hello</p><p>BeautifulSoup</p>。

【方法】创建 BeautifulSoup 对象，获取段落节点，再调用 string 属性来获取文本的值，如下所示。

```
from bs4 import BeautifulSoup

soup = BeautifulSoup('<p>Hello</p><p>BeautifulSoup</p>', 'lxml')
print(soup)              # <html><body><p>Hello</p></body></html>

print(type(soup.p))      # <class 'bs4.element.Tag'>
print(soup.p)            # <p>Hello</p>
print(soup.p.name)       # p
print(soup.p.string)     # Hello
```

【说明】

（1）第 2 行创建了 BeautifulSoup 对象，第 1 个参数可以是完整的 HTML 文本字符串或本地文件，也可以是 HTML 文本片段。如果是文本片段，会自动补全为完整的 HTML 文本。

（2）在标签唯一的情况下，可以直接使用标签作为属性值来获得节点。如果有多个同类标签，如这里有两个段落标签，则 soup.p 只能代表第一个段落。节点类型为 bs4.element.Tag，这是 BeautifulSoup 最为常用的对象。

（3）获得节点后，可使用属性 name 和 string 来分别获取标签的名称和文本的值。

【任务 2】从超链接中提取所有属性。

包含超链接的 HTML 文本为 <li><a class='season green' href="spring.html">春天</a></li>。

【方法】节点通常包括标签名和文本，如图 9-5 中的①和③；节点的属性是可选的，位于标签名的后面，可以有多个，采用的是键-值对的方式，图 9-5 中有两个属性，分别是 class 和 href。选择节点后，可以调用 attrs 获取所有属性。

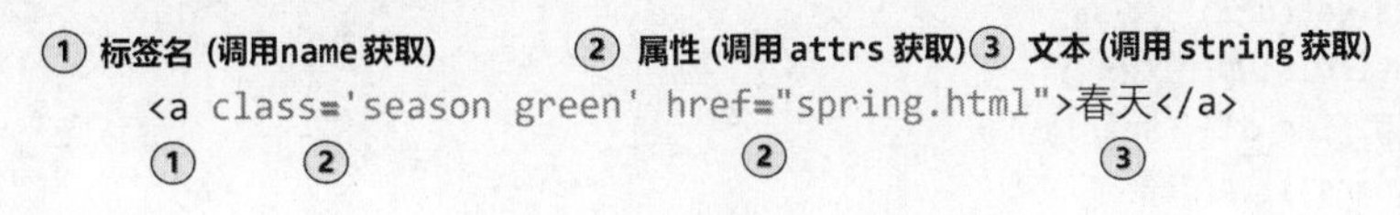

图 9-5　节点的 3 个构成要素

【代码】

```
html = """<li><a class='season green' href="spring.html">春天</a></li>"""
soup = BeautifulSoup(html, 'lxml')
print(soup.a.string)          # 春天
print(soup.li.string)         # 春天
print(soup.a['href'])         # spring.html
print(soup.a['class'])        # ['season', 'green']
print(soup.a.attrs)
# 字典 {'class': ['season', 'green'], 'href': 'spring.html'}
```

【说明】

（1）这里使用方法 a 和 li 得到的节点文本形式是相同的，都是“春天”。

（2）这里有两个属性：class 和 href。

（3）调用 attrs 获取所有属性，返回的对象是字典，soup.a['href']的完整表示形式是 soup.a.attrs['href']。

9.5 实战：获取唐诗三百首

图 9-6 为“唐诗三百首”的部分页面。

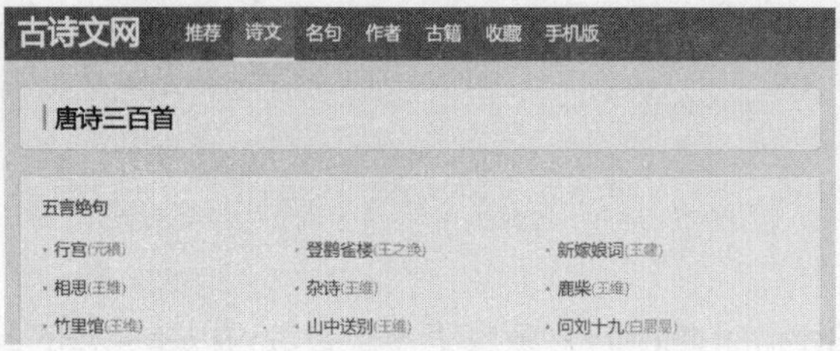

图 9-6 “唐诗三百首”的部分页面

【任务 1】统计页面上的唐诗数量。

【方法】分析某一首唐诗对应的 HTML 代码，如排在第 1 个的是元稹的《行宫》。统计页面上唐诗数量的一个简单思路是统计标签<span>出现的次数，HTML 代码如下所示。

```
<span><a href="/shiwenv_45c396367f59.aspx" target="_blank">行宫</a>(元稹)</span>
```

【代码】

```
import requests
from bs4 import BeautifulSoup

url = 'https://so.gushiwen.org/gushi/tangshi.aspx'
r = requests.get(url)
soup = BeautifulSoup(r.text)
spans = soup.find_all('span')
print(len(spans))  # 320
```

这个数字 320 有可能比实际的唐诗数量要少，因为可能不是所有唐诗的标题都使用了 span 标签。所以继续下面的任务，统计五言绝句、七言绝句、五言律诗等体裁各有多少首诗。

【任务 2】统计各种体裁的唐诗数量。

古诗文网将唐诗三百首按照体裁排列，现在的任务是统计各种体裁的唐诗数量，如下所示。

```
五言绝句 29
七言绝句 51
五言律诗 80
七言律诗 53
五言古诗 35
七言古诗 28
乐府 44
合计：320 首
```

【代码】

```
types = soup.find_all('div', {'class': 'typecont'})
tot = 0
```

```
for t in types:
    bookMl = t.find('div', {'class': 'bookMl'})
    span = t.find_all('span')
    print(bookMl.string, end=' ')     # 体裁类型的名称，如五言绝句
    print(len(span))                  # 每种体裁类型的唐诗数量
    tot += len(span)
print('合计：%d 首' % (tot))
```

下面分析如何设计上述代码。

（1）使用谷歌浏览器的“审查”模式分析页面，如图 9-7 所示。

```
▼<div class="main3">
  ▼<div class="left">
    ▶<div class="title">…</div>
    ▼<div class="sons">
      ▶<div class="typecont">…</div>
      ▶<div class="typecont">…</div>
      ▶<div class="typecont">…</div>
      ▶<div class="typecont">…</div>
      ▶<div class="typecont">…</div>
      ▶<div class="typecont">…</div>
      ▶<div class="typecont" style="border:0px;">…</div>
    </div>
    ▶<div style="height:auto; width:670px; clear:both; margin-top:20px;
  </div>
  ▶<div class="right">…</div>
</div>
```

图 9-7　使用谷歌浏览器的“审查”模式分析页面

对比网页视图可以发现，五言绝句、七言绝句等体裁对应 class="typecont"的 7 个<div>。使用下面的语句提取体裁类型。

```
types = soup.find_all('div', {'class': 'typecont'})
```

（2）在每个<div></div>中，需要做两件事：提取体裁的名称，如五言绝句；统计<div></div>中的<span>标签数量。

分析体裁所在位置的 HTML 代码，如下所示。

```
<div class="bookMl"><strong>五言绝句</strong></div>
```

如果用 t 表示某个体裁，则下面的代码可以获得体裁的名称和该体裁下的所有唐诗。

```
bookMl = t.find('div', {'class': 'bookMl'})
span = t.find_all('span')
```

（3）汇总各类体裁唐诗的总数量。这一步很简单，设置变量 tot 来计数。

【任务 3】统计作品入选唐诗三百首最多的前 10 个诗人。

该任务的输出如下所示。

```
[('杜甫', 39),
 ('李白', 34),
 ('王维', 29),
 ('李商隐', 24),
 ('孟浩然', 15),
 ('韦应物', 12),
```

```
 ('刘长卿', 11),
 ('杜牧', 10),
 ('王昌龄', 7),
 ('岑参', 7)]
```

该任务可分为 3 个子任务：从页面中提取出所有诗人的名字；使用字典来存储每个诗人的作品入选数量；根据字典的值由大到小排序，选出前 10 个后输出。

【代码】

```
import re
import requests
from bs4 import BeautifulSoup
from collections import defaultdict

url = 'https://so.gushiwen.org/gushi/tangshi.aspx'
counter = defaultdict(lambda: 0)

r = requests.get(url)
soup = BeautifulSoup(r.text)
spans = soup.find_all('span')
for s in spans:
    t = re.findall(r'\((.+)\)', s.text)
    if (t):
        counter[t[0]] += 1
sorted(counter.items(), key=lambda x:x[1], reverse=True)[:10]
```

【说明】collections 库中的函数 defaultdict 提供了默认值的功能，这个类的初始化函数接收一个类型作为参数。当所访问的键不存在时，可以实例化一个值作为默认值。

9.6 小结

- 网络爬虫的基本处理流程是发起请求、获取响应内容、解析内容、保存数据。
- pandas 库中的函数 read_html 可用于获取网页中的表格数据。
- Beautiful Soup 的核心对象是节点，类型为 bs4.element.Tag。
- 可通过节点的名称、属性和文本来获取节点的信息。
- Beautiful Soup 可通过 find_all、find 及 CSS 选择器获取节点。

9.7 习题

一、选择题

1. 下面哪个不是网络爬虫带来的问题？________

   A. 法律风险　　B. 隐私泄露　　C. 性能骚扰　　D. 商业利益

2. 下面哪个说法是不正确的？________

   A. Robots 协议可以作为法律判决的参考性“行业共识”

B. Robots 协议告知网络爬虫哪些页面可以获取，哪些不可以获取

C. Robots 协议是互联网上的国际准则，必须严格遵守

D. Robots 协议是一种约定

3. Python 网络爬虫的第三方库是________。

A. requests　　B. jieba　　C. itchat　　D. time

4. 下面哪个不是 Python 中 Requests 库提供的方法? ________

A. get()　　B. push()　　C. post()　　D. head()

5. Content-Type 的作用是________。

A. 用来表明浏览器信息　　B. 用来表明用户信息

C. 用来确定 HTTP 返回信息的解析方式　　D. 没有明确意义

6. 在 requests 库的方法 get 中，用于设置向服务器提交 HTTP 请求头的参数是哪个? ________

A. data　　B. cookies　　C. headers　　D. json

7. 下列哪个不是 HTML 页面解析器? ________

A. lxml　　B. Beautiful Soup

C. Requests　　D. html5lib

二、操作题

1. 使用 pandas 库的函数 read_html 获取当前日期的全国空气质量排行榜。

2. 在古诗文网找到《登鹳雀楼》，通过编写函数来获取这首诗的名称、作者、诗正文等内容。

3. 在古诗文网“唐诗三百首”的列表页面下获取所有诗歌的列表，然后使用第 2 题定义的函数来获取这些诗歌，并写入文本文件“唐诗三百首.txt”中。

附录

附录 A 全国计算机等级考试二级 Python 语言程序设计考试大纲

2020 年全国计算机等级考试二级 Python 语言程序设计科目的考试大纲没有变化，仍然沿用 2018 年的版本。

全国计算机等级考试二级 Python 语言程序设计考试大纲（2018 年版）的内容如下。

基本要求

1. 掌握 Python 语言的基本语法规则。
2. 掌握不少于 2 个基本的 Python 标准库。
3. 掌握不少于 2 个 Python 第三方库，掌握获取并安装第三方库的方法。
4. 能够阅读和分析 Python 程序。
5. 熟练使用 IDLE 开发环境，能够将脚本程序转变为可执行程序。
6. 了解 Python 计算生态在以下方面（不限于）的主要第三方库名称：网络爬虫、数据分析、数据可视化、机器学习、Web 开发等。

考试内容

一、Python 语言基本语法元素

1. 程序的基本语法元素：程序的格式框架、缩进、注释、变量、命名、保留字、数据类型、赋值语句、引用。
2. 基本输入输出函数：input()、eval()、print()。
3. 源程序的书写风格。
4. Python 语言的特点。

二、基本数据类型

1. 数字类型：整数类型、浮点数类型和复数类型。
2. 数字类型的运算：数值运算操作符、数值运算函数。
3. 字符串类型及格式化：索引、切片、基本的 format()格式化方法。
4. 字符串类型的操作：字符串操作符、处理函数和处理方法。
5. 类型判断和类型间转换。

三、程序的控制结构

1. 程序的三种控制结构。
2. 程序的分支结构：单分支结构、二分支结构、多分支结构。
3. 程序的循环结构：遍历循环、无限循环、break 和 continue 循环控制。
4. 程序的异常处理：try-except。

四、函数和代码复用

1. 函数的定义和使用。

2. 函数的参数传递：可选参数传递、参数名称传递、函数的返回值。

3. 变量的作用域：局部变量和全局变量。

五、组合数据类型

1. 组合数据类型的基本概念。

2. 列表类型：定义、索引、切片。

3. 列表类型的操作：列表的操作函数、列表的操作方法。

4. 字典类型：定义、索引。

5. 字典类型的操作：字典的操作函数、字典的操作方法。

六、文件和数据格式化

1. 文件的使用：文件打开、读写和关闭。

2. 数据组织的维度：一维数据和二维数据。

3. 一维数据的处理：表示、存储和处理。

4. 二维数据的处理：表示、存储和处理。

5. 采用 CSV 格式对一二维数据文件的读写。

七、Python 计算生态

1. 标准库：turtle 库（必选）、random 库（必选）、time 库（可选）。

2. 基本的 Python 内置函数。

3. 第三方库的获取和安装。

4. 脚本程序转变为可执行程序的第三方库：PyInstaller 库（必选）。

5. 第三方库：jieba 库（必选）、wordcloud 库（可选）。

6. 更广泛的 Python 计算生态，只要求了解第三方库的名称，不限于以下领域：网络爬虫、数据分析、文本处理、数据可视化、用户图形界面、机器学习、Web 开发、游戏开发等。

考试方式

上机考试，考试时长 120 分钟，满分 100 分。

1. 题型及分值

单项选择题 40 分（含公共基础知识部分 10 分）。

操作题 60 分（包括基本编程题和综合编程题）。

2. 考试环境

Windows 7 操作系统，建议 Python 3.4.2 至 Python 3.5.3 版本，IDLE 开发环境。

附录 B PyCharm

PyCharm 是 JetBrains 开发的 Python IDE。PyCharm 具备一般 IDE 的功能，如调试、语法高亮、项目管理、代码跳转、智能提示、自动完成、单元测试、版本控制等。后文将针对 PyCharm 的下载、安装及使用进行介绍。

1. PyCharm 的下载和安装

（1）访问 PyCharm 官网，进入下载页面，如图 B-1 所示。

图 B-1　PyCharm 官网

（2）在该页面中可以根据不同的平台下载 PyCharm，并且每个平台可以选择下载 Professional（专业版）和 Community（社区版）两个版本。

① 专业版具有以下特点。

- 提供 Python IDE 的所有功能，支持 Web 开发。
- 支持 Django、Flask、Google 应用引擎、Pyramid 及 web2py。
- 支持 JavaScript、CoffeeScript、TypeScript、CSS 及 Cython 等。
- 支持远程开发、Python 分析器、数据库和 SQL 语句。

② 社区版具有以下特点。

- 是轻量级的 Python IDE，只支持 Python 开发。
- 免费、开源、集成 Apache 2 的许可证。
- 具有智能编辑器、调试器，支持重构和错误检查，集成版本控制系统（Version Control System,VCS）。

社区版是免费的，完全能够满足日常的开发需要。这里安装社区版。

（3）运行下载的安装程序，软件需要的空间较大，可以根据自己的硬盘大小确定安装路径，这里使用默认路径，如图 B-2 所示。

（4）确认安装选项，如图 B-3 所示。

选项说明如下。

① Create Desktop Shortcut：创建桌面快捷方式，该版本只支持 64 位。

② Update PATH variable(restart needed)：更新 PATH 变量（需要重新启动），将启动器目录添加到 PATH 中，可不选。

③ Update context menu：更新上下文菜单，添加打开的文件夹作为项目，可不选。

④ Create Associations：创建关联，关联.py 文件，用 PyCharm 打开.py 文件。

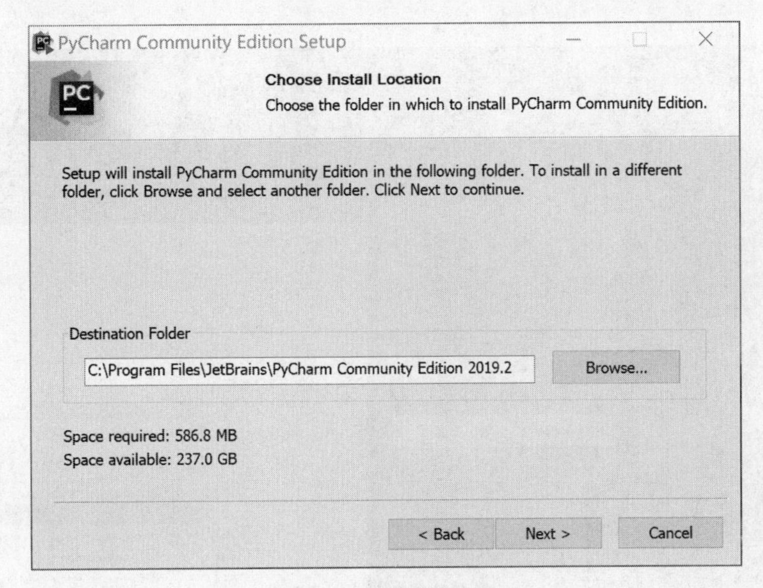

图 B-2　确定安装路径

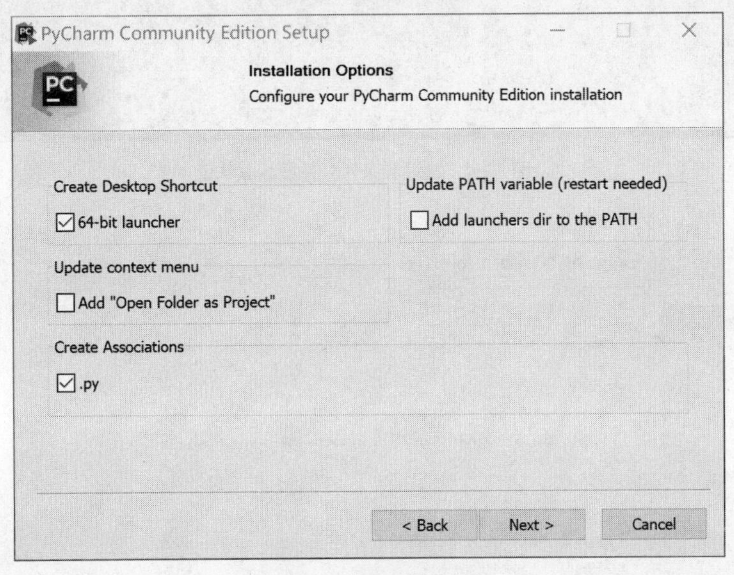

图 B-3　确认安装选项

（5）安装完成后，首次运行 PyCharm，会提示导入设置，选择“Do not import settings”单选按钮。接下来需确认用户接受协议，确认后单击“Continue”按钮。

（6）单击左下角的“Skip Remaining and Set Defaults”按钮，跳过其余部分并设置默认值，如图 B-4 所示，完成后可创建/打开项目。

2. PyCharm 的外观配置

（1）直接选择“File”→“Settings...”命令或者使用组合键 Ctrl+Alt+S，进入配置界面，在左侧选择“Appearance & Behavior”下的“Appearance”选项，右侧“Theme”下拉列表中有“Darcula”“High Contrast”“IntelliJ”3 个选项，分别表示暗色背景、黑白对比背景、浅色背景。这里选择第 3 个选项，如图 B-5 所示。

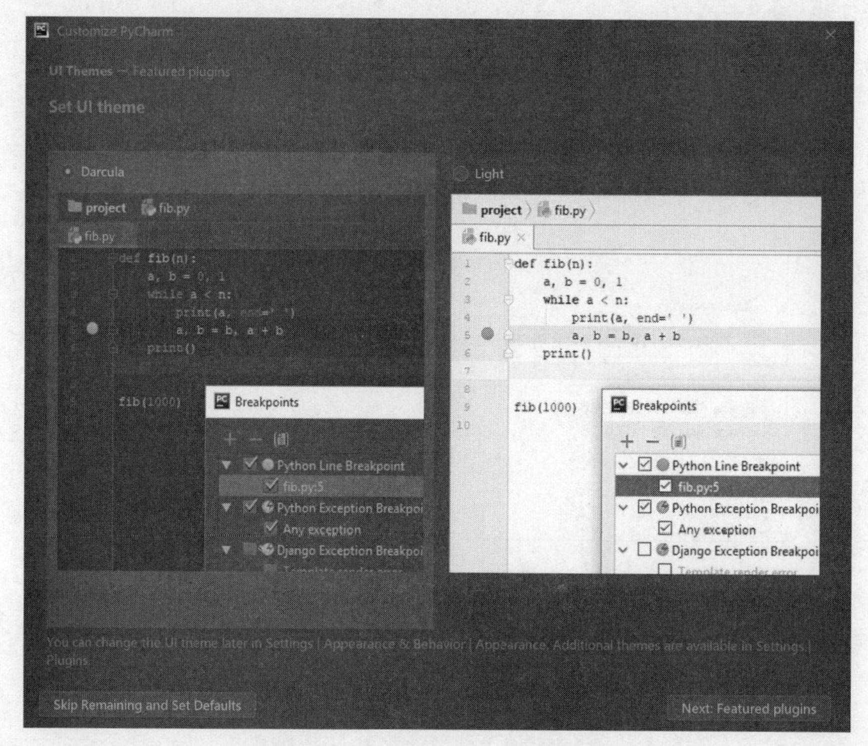

图 B-4　跳过其余部分并设置默认值

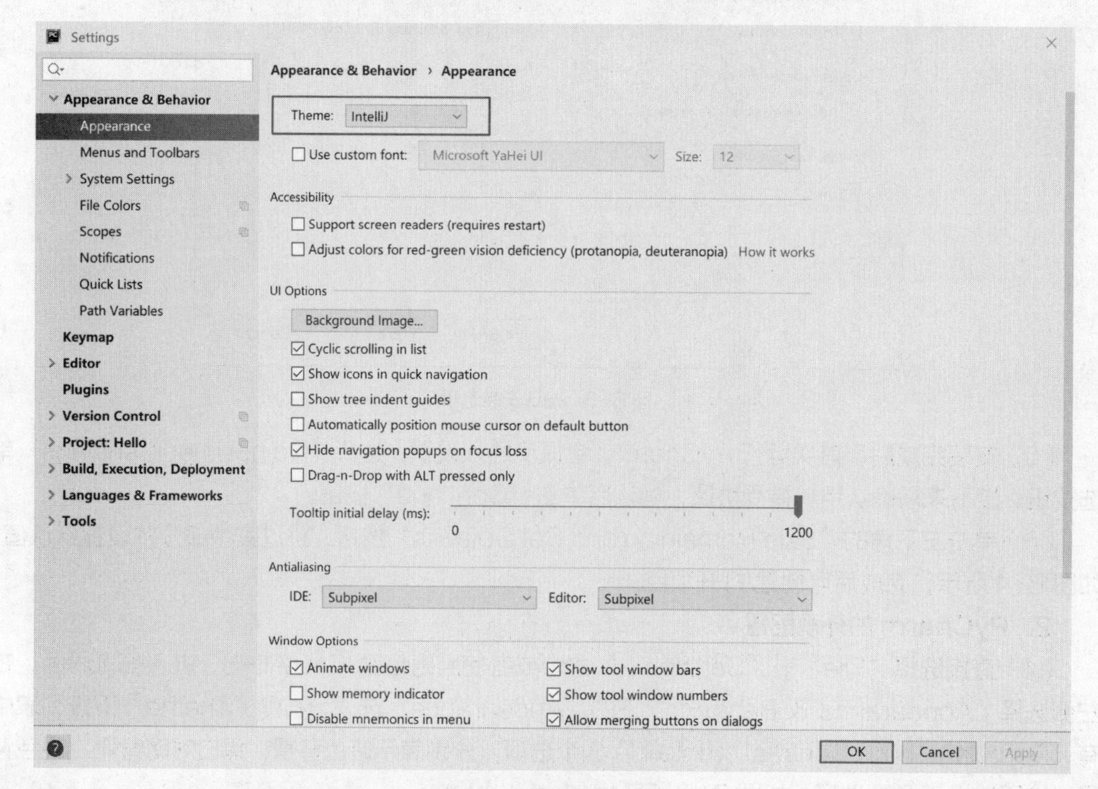

图 B-5　选择第 3 个选项

（2）程序的字体大小设置在“Editor”下的“Font”选项卡中进行。这里设置“Size”为16，如图B-6所示。

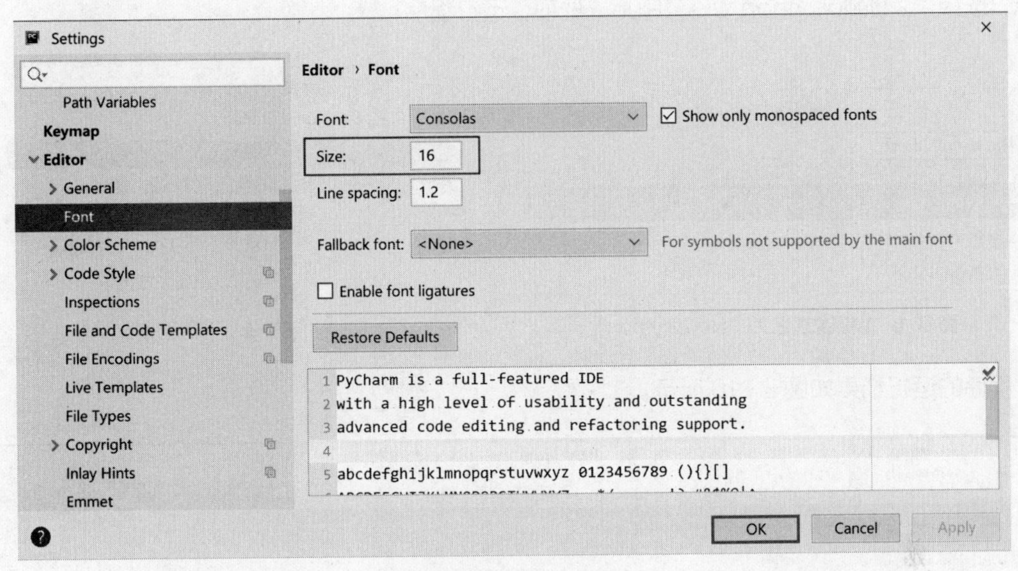

图B-6 设置“Size”为16

3. 在PyCharm中运行程序

在PyCharm中运行程序包含3个步骤：① 创建项目；② 创建Python文件；③ 运行程序。

（1）创建项目。选择“File”→“New Project”命令创建新的项目，需要设置项目的保存地址，如图B-7所示。

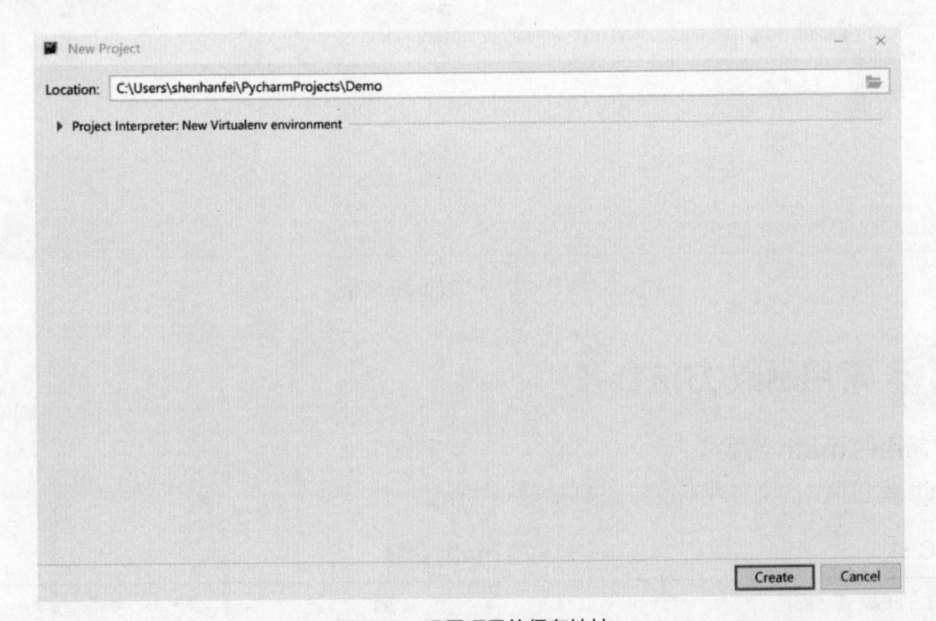

图B-7 设置项目的保存地址

（2）创建Python文件。选择“File”→“New...”命令，在弹出的界面中选择“Python file”

选项，然后输入文件名。这里设置文件名为“HelloPython”，如图 B-8 所示。

（3）运行程序。编辑好文件内容后，选择“Run”→“Run...”命令，弹出相应界面。如图 B-9 所示，选择“2.HelloPython”→“Run”选项，运行程序。

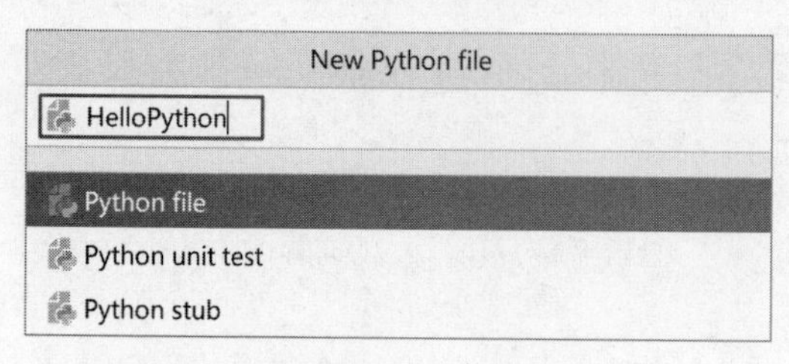

图 B-8　设置文件名为“HelloPython”

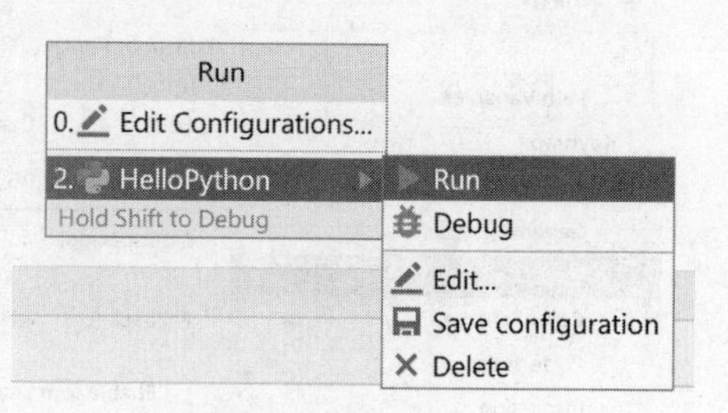

图 B-9　运行程序

程序的运行结果如图 B-10 所示。

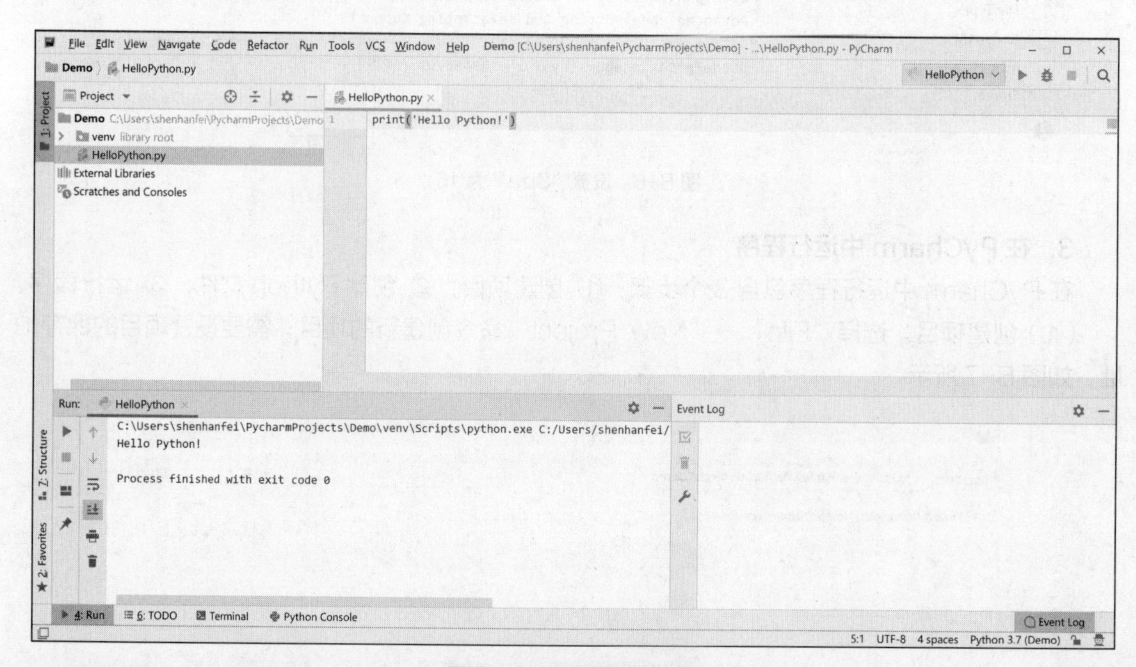

图 B-10　程序的运行结果

附录 C　常用函数/方法参考

1. 常用的 math 函数

math 库包括 16 个常用的函数，如表 C-1 所示。

表 C-1　常用的 math 函数

函　数	描　述
fabs(x)	返回 x 的绝对值
fmod(x, y)	返回 x 与 y 的模

续表

函　数	描　述
fsum([x,y,…])	浮点数精确求和
ceil(x)	向上取整，返回不小于 x 的最小整数
floor(x)	向下取整，返回不大于 x 的最大整数
factorial(x)	返回 x 的阶乘，如果 x 是小数或负数，返回 ValueError
gcd(a, b)	返回 a 与 b 的最大公约数
frepx(x)	返回(m, e)，当 $x=0$ 时，返回(0.0, 0)
ldexp(x, i)	返回 $x\times 2^i$ 运算值，frepx(x)的反运算
modf(x)	返回 x 的小数和整数部分
trunc(x)	返回 x 的整数部分
copysign(x, y)	用数值 y 的正负号替换数值 x 的正负号
isclose(a,b)	比较 a 和 b 的相似性，返回 True 或 False
isfinite(x)	当 x 为无穷大时，返回 True；否则，返回 False
isinf(x)	当 x 为正数或负数无穷大时，返回 True；否则，返回 False
isnan(x)	当 x 是 NaN 时，返回 True；否则，返回 False

2. 字符串格式化方法 format

字符串格式化方法 format 的用法如表 C-2 所示。

表 C-2　字符串格式化方法 format 的用法

数　字	格　式	输　出	描　述
3.1415926	{:.2f}	3.14	保留小数点后两位
3.1415926	{:+.2f}	+3.14	带符号保留小数点后两位
−1	{:+.2f}	−1.00	带符号保留小数点后两位
2.71828	{:.0f}	3	不带小数
5	{:0>2d}	05	数字补 0（填充左边，宽度为 2）
5	{:x<4d}	5xxx	数字补 x（填充右边，宽度为 4）
10	{:x<4d}	10xx	数字补 x（填充右边，宽度为 4）
1000000	{:,}	1,000,000	以逗号分隔的数字格式
0.25	{:.2%}	25.00%	百分比格式
1000000000	{:.2e}	1.00e+09	指数记法
13	{:>10d}	13	右对齐（默认，宽度为 10）
13	{:<10d}	13	左对齐（宽度为 10）
13	{:^10d}	13	中间对齐（宽度为 10）

【说明】

（1）^、<、>分别代表居中、左对齐、右对齐，后面带宽度；:后面带填充的字符，只能是一个字符，不指定则默认用空格符填充。

（2）+ 表示在正数前显示 +，在负数前则显示 -；空格符表示在正数前加空格符。

不同进制的格式化方式说明如表 C-3 所示。

表 C-3　不同进制的格式化方式说明

格式化方式	说　明
'{:b}'.format(11)	1011
'{:d}'.format(11)	11
'{:o}'.format(11)	13
'{:x}'.format(11)	b
'{:#x}'.format(11)	0xb
'{:#X}'.format(11)	0XB

【说明】

b、d、o、x 分别代表二进制、十进制、八进制、十六进制。

附录 D　米筐 Notebook 支持的模块列表

米筐 Notebook 已经预装了大量常用的 Python 标准库和第三方库，如表 D-1 所示。

表 D-1　米筐 Notebook 预装的 Python 标准库和第三方库

模 块 名	简　介
talib	交易员常用的技术分析库，包含了超过 150 个技术指标
pandas	数据处理和分析库
numpy	科学计算基础库
scipy	数学、科学及工程计算的生态系统库
statsmodels	研究数据、拟合统计模型和执行统计测试
bisect	排序模块
cmath	提供复数计算的数学模块
collections	提供除了 Python 内嵌容器以外的容器种类
scikit-learn	机器学习模块
hmmlearn	隐马尔可夫模型模块，类似 scikit-learn 的 API
pykalman	卡尔曼滤波（Kalman Filter）、Kalman Smoother 和 EM 模块
cvxopt	提供了凸优化（Convex Optimization）解的 Python 库
arch	用 Python 编写的自回归条件异方差（ARCH）和其他用于金融计量经济学的工具（使用 Cython 和 Numba 来提高性能）

续表

模块名	简介
dateutil	对标准 datetime 模块的强大拓展
datetime	处理日期、时间和时间间隔的函数
functools	提供了非常有用的高阶函数
heapq	提供了堆队列算法的实现，也称为优先队列算法
pywt	小波变换库
tensorflow	一个端到端的深度学习框架
tushare	免费、开源的财经数据接口库，为金融分析人员提供快速、整洁的数据
pybrain	流行的机器学习库
theano	Python 深度学习框架，2017 年已停止开发
gensim	用于从非结构化的文本中无监督地学习到文本隐层的主题向量表达
jieba	“结巴”中文分词
pymc3	实现了贝叶斯统计模型、马尔可夫链和蒙特卡洛采样工具拟合算法
pytables	管理分层数据集，高效、轻松地处理大量数据
nltk	流行的自然语言分析库
keras	基于 Theano 和 TensorFlow 的高层次深度学习库
requests	易用的 HTTP 库
bs4	网页结构分析的“利器”
lxml	处理 XML 和 HTML 最理想的 Python 库
urllib	自带的 URL 处理库
xgboost	速度快、效果好的 boosting 模型
math	数学函数
pytz	处理时区（Time Zone）问题
queue	同步的队列类
random	生成伪随机数
re	正则表达式操作
time	时间的访问和转换
array	数值数组
copy	浅层和深层复制操作
json	JSON 编码和解码器
xml	XML 处理模块
matplotlib	2D 画图库，提供了高质量的画图和跨平台互动式交互环境
seaborn	基于 matplotlib 的画图库，提供了高级的 API，画图的效果更好

续表

模 块 名	简 介
bokeh	互动式画图库，可以在网页中做展示，目标是提供优美的图画展示效果
toyplot	动画图渲染
vispy	互动式科学计算图形化渲染
mpl_toolkits	Matplotlib 的绘图工具模块
plotly	强大而优美的图表库，支持 3 种不同类型的图表，包括地图、箱形图和密度图，以及更常见的条形图和线形图等
fbprophet	简单、强大的数据预测工具库